SATELLITES

auteurs

Axel Kahn,
président de l'université Paris-Descartes

Jacques Blamont,
membre de l'Académie des sciences

Richard Bonneville,
directeur adjoint de la Direction de la prospective de la stratégie, des programmes, de la valorisation et des relations Internationales, CNES

Anny Cazenave,
directrice de recherche au LEGOS, membre de l'Académie des sciences

Gauthier Hulot,
directeur de recherche CNRS, Institut de physique du globe de Paris

Michel Diament,
professeur à l'Institut de physique du globe de Paris

Benoît Boissin,
responsable du thème Observation optique au CNES

Albert Auriol,
chef du Service altimétrie et localisation précise, CNES

Yves Ménard,
directeur du Laboratoire d'études en géophysique et océanographie spatiales

Vincent Cassé,
directeur adjoint scientifique, Direction de la prévision, Météo France

Jacques Pelon,
directeur de recherche CNRS, Service d'aéronomie

Didier Tanré,
directeur de recherche CNRS, Institut d'optique atmosphérique

Aline Chabreuil,
chef du Service communication publique du CNES

Thérèse Encrenaz,
directeur de recherche CNRS, Laboratoire d'études spatiales et d'instrumentation en astrophysique

Jean-Claude Vial,
directeur de recherche CNRS, Institut d'astrophysique spatiale

Nicole Cornilleau-Werhlin,
directeur de recherche CNRS, Station de radioastronomie de Nançay

Jean-Loup Bertaux,
directeur de recherche CNRS, Service d'aéronomie

Jean-Pierre Bibring,
professeur à l'institut d'astrophysique spatiale

Jean-Pierre Lebreton,
responsable scientifique et technique de la mission Huygens, Agence spatiale européenne

Philippe Gaudon,
chef du projet Rosetta, CNES

Jean-Loup Puget,
directeur de recherche CNRS, Institut d'astrophysique spatiale

Annie Baglin,
directeur de recherche CNRS, Laboratoire d'études spatiales et d'instrumentation en astrophysique

Catherine Turon,
astronome, Laboratoire galaxie, étoiles, physique, instrumentation

François Lebrun,
directeur de recherche CEA, astroparticule et cosmologie

Guy Guyot,
ingénieur de recherche CNRS, Institut d'astrophysique spatiale

Laurent Vigouroux,
directeur de recherche CEA, Institut d'astrophysique de Paris

Sylvie Léon,
responsable du thème Physique fondamentale, CNES

Pierre Touboul,
directeur, Département mesures physiques, ONERA

Étienne Samain,
ingénieur de recherche CNRS, Géoscience Azur

Guillemette Gauquelin-Koch,
responsable des programmes Sciences de la vie, CNES

Michel Viso,
responsable du thème Astrobiologie, CNES

Claude Gharib,
professeur, Laboratoire de physiologie, UFR Lyon Grange-Blanche

Jacques Arnould,
chargé de mission Éthique, CNES

Responsable éditoriale et interviews : Véronique Lefebvre
Iconographie : Dalloula Haiouani, assistée d'Adrien Alleaume
Maquette : Corinne Liger, assistée de Stéphanie Hamel

23, rue du Cherche-Midi, 75006 Paris.
Vous pouvez consulter notre catalogue général et l'annonce de nos prochaines parutions sur notre site Internet :
cherche-midi.com

Sous la direction d'**Aline Chabreuil** et de **Philippe Chauvin**

SATELLITES

Préface d'**Axel Kahn**

le cherche midi

cnes
CENTRE NATIONAL D'ETUDES SPATIALES

INSU

CNRS
CENTRE NATIONAL DE LA RECHERCHE SCIENTIFIQUE

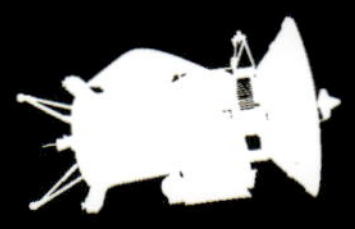

CASSINI-HUYGENS 90

ROSETTA 94

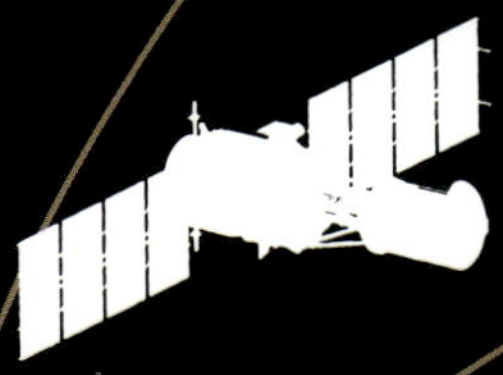

COROT 104

GAIA 108

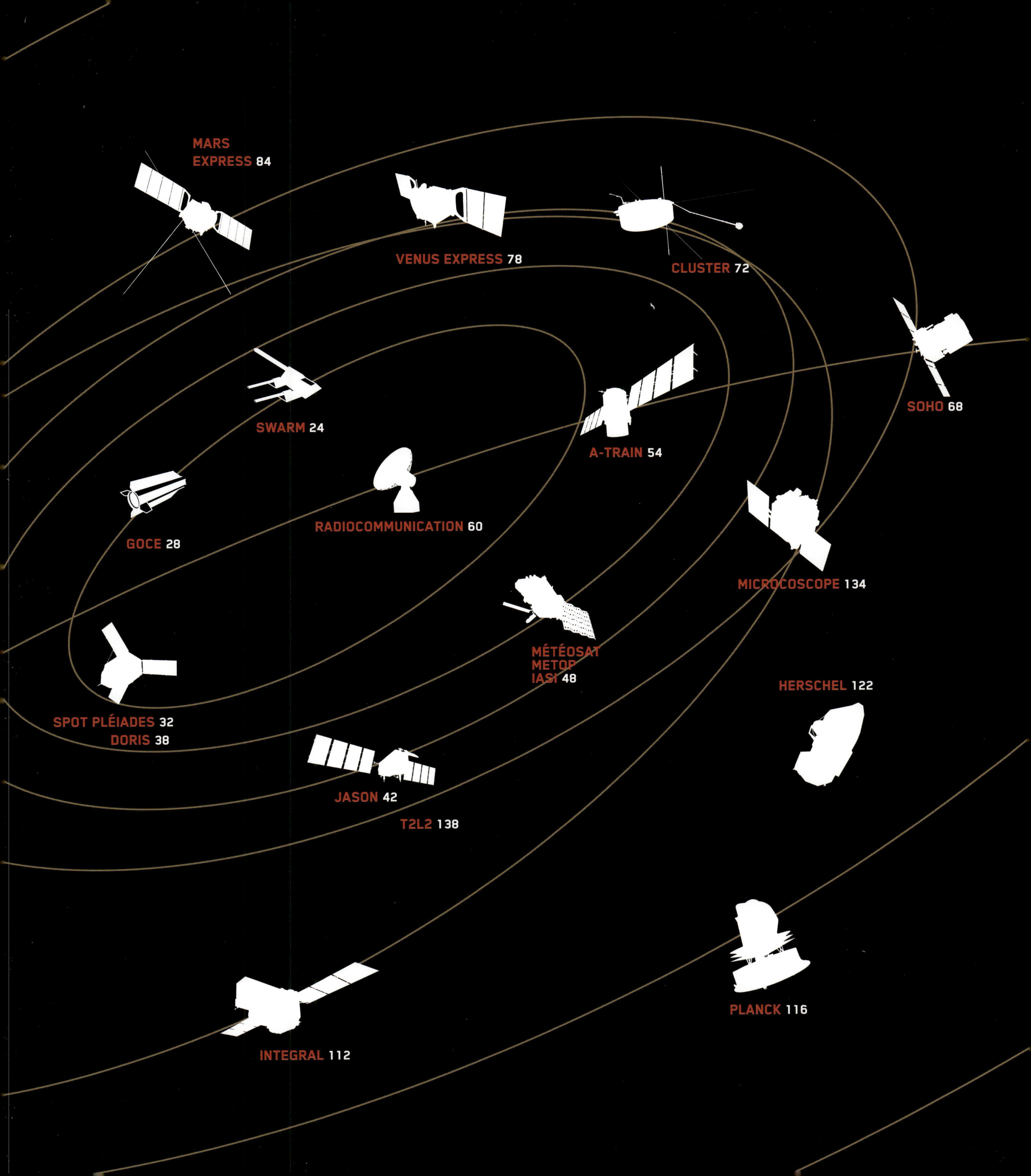
MARS EXPRESS 84
VENUS EXPRESS 78
CLUSTER 72
SOHO 68
SWARM 24
A-TRAIN 54
RADIOCOMMUNICATION 60
GOCE 28
MICROCOSCOPE 134
MÉTÉOSAT METOP IASI 48
HERSCHEL 122
SPOT PLÉIADES 32
DORIS 38
JASON 42
T2L2 138
PLANCK 116
INTEGRAL 112

→ **Départ pour l'espace,** décollage du lanceur européen Ariane 5, depuis le Centre spatial guyanais à Kourou.

Avant-propos

Une fantastique aventure humaine

Pour parcourir leur planète, sur terre, sur mer et dans les airs, comprendre leur environnement, déchiffrer l'Univers, de tout temps les hommes ont inventé, construit les véhicules et les instruments leur permettant d'aller toujours plus loin, repoussant d'autant les limites de leurs connaissances.

Dans cette histoire de la curiosité de l'Homme, de la découverte, de l'aventure, de la recherche scientifique et technologique, le lancement du premier satellite, Spoutnik, marque une nouvelle étape. L'homme se dote d'un moyen lui permettant de se prolonger dans l'espace. L'avènement du satellite s'inscrit dans une évolution déterminante des techniques dans des domaines tels que les composants électroniques, les nouveaux matériaux, l'informatique ou les capacités de calcul. Les scientifiques ont compris qu'une nouvelle ère s'ouvrait, celle du spatial.

Très vite, ils confient à ces robots la mission de se rapprocher de leurs rêves : découvrir les astres et cet Univers qu'ils ne peuvent observer que derrière leur barrière de protection : l'atmosphère. En accédant à l'espace, ils s'approprient un fantastique laboratoire, nouveau terrain d'expériences et d'observations, mais aussi objet des recherches les plus fascinantes, les plus saisissantes.

De tels projets s'inscrivent dans la durée lorsque chercheurs et ingénieurs adoptent de nouvelles démarches expérimentales où la pluridisciplinarité est incontournable. À chaque mission réussie, l'émotion est là, et les découvertes révolutionnaires aussi qui débouchent bien sûr sur de nouvelles questions, confrontant les chercheurs et ingénieurs à de nouveaux défis. Observer notre planète pour comprendre son fonctionnement et évaluer les impacts des activités humaines, développer de nouvelles applications concernant chacun d'entre nous dans sa vie quotidienne, explorer notre système solaire, percer les mystères de notre Univers sont autant d'enjeux qui demandent une mobilisation dépassant les moyens et les capacités intellectuelles et budgétaires d'un seul pays. La coopération européenne et internationale est depuis l'origine le cadre des missions spatiales avec la mise en place d'accords permettant au plus grand nombre de développer des satellites, de les lancer et d'en exploiter les données.

La France a très tôt contribué à cette fantastique aventure humaine, scientifique et technologique. Depuis sa création en 1961, avec ses partenaires de l'industrie et de la recherche, le CNES, acteur majeur de l'Europe spatiale, contribue à créer les conditions favorisant les innovations qui permettront de dépasser toujours les limites de l'impossible et de faire reculer les frontières de l'inconnu. Le CNRS, et principalement dans ce domaine l'Institut national des sciences de l'Univers (INSU), s'est impliqué dans cette aventure avec ses laboratoires et son personnel. CNES, CNRS-INSU associés à d'autres partenaires nationaux et internationaux ont, depuis plusieurs décennies, participé à de très nombreuses missions et été à l'origine de premières scientifiques mondiales.

Par cet ouvrage, nous souhaitons vous faire découvrir que l'ère spatiale est désormais une réalité quotidienne dans notre vie, mais aussi qu'en permettant de garder notre si belle mais si fragile planète bleue habitable pour les générations futures l'espace est sans doute l'avenir de l'humanité.

Catherine Bréchignac
présidente du CNRS

Yannick d'Escatha
président du CNES

Préface

L'orbite de la connaissance et du pouvoir

Corps célestes asservis à l'influence d'une planète et gravitant autour d'elle, colloques ou réunions organisés à l'occasion d'un événement plus important, pays soumis à une nation plus puissante, tout groupe d'individus assujettis aux intérêts et décisions d'un parti.... le terme de satellite renvoie à une hiérarchie, à des phénomènes de dépendance de dominés à dominants. Certes, la Lune a de nombreuses influences, sinon sur l'humeur des hommes, au moins sur nombre de phénomènes terrestres naturels tels que les marées. Cependant, pour l'essentiel, c'est bien à une image d'asservissement que renvoie celle de satellisation : entre l'astre et son satellite, aucun doute n'est permis, on sait qui détient le pouvoir.

Cependant, l'ingéniosité humaine a appris à retourner à son profit une apparente situation de faiblesse. Les stratégies du faible au fort sont utilisées depuis bien longtemps par les enfants envers les adultes, par ces derniers au sein du couple, et sont à l'origine de maints retournements de situation de l'histoire politique et militaire des nations. Les nombreux satellites qui gravitent autour de notre planète où d'autres corps célestes après avoir été mis en orbite par des lanceurs toujours plus perfectionnés procèdent de la même démarche : tirer profit de l'apparente faiblesse pour agir – ou au moins s'informer – sur un pouvoir supérieur. Les forces gravitationnelles contraignent ces engins insignifiants à tourner inlassablement autour du corps céleste dans l'orbite duquel ils se trouvent. Cependant, de façon symétrique, le corps céleste ne peut échapper à la proximité des satellites qui ont alors tout le loisir de l'observer, le sonder, le photographier, de faciliter la communication entre des points très éloignés de la Terre, de prévoir longtemps à l'avance nombre de phénomènes météorologiques, agricoles, éruptifs ; peut-être un jour d'agir à distance sur des objets terrestres.

Objets d'exploration, de transmission, dans le futur sans doute d'action, les satellites constituent également des microcosmes mimant les conditions de l'espace interstellaire, où peuvent de la sorte être testées les réactions des astronautes qui y sont soumis pour de longues durées, et être menées maintes expériences biologiques dans des conditions d'impesanteur.

Les concepteurs des satellites artificiels des XXe et XXIe siècles poursuivent en fait un projet consubstantiel à l'émergence et au développement civilisationnels de l'humanité : connaître, savoir et dominer. *Homo sapiens* peut en effet être caractérisé comme un mammifère singulier tenaillé par le désir, voire le besoin de savoir, apte à connaître et à comprendre, et capable de transmettre ce qu'il a acquis et appris. Pour l'essentiel jusqu'à Galilée, au début du XVIIe siècle, nos semblables ont utilisé de leur mieux pour parvenir à leurs fins l'observation sensible des phénomènes et la puissance de la raison elle-même, exercée à la pensée logique et scientifique depuis au moins les Mésopotamiens et, en tout cas, le logos grec. Après Galilée et sa lunette astronomique, ses dispositifs expérimentaux sur le mouvement, l'inertie et la chute des corps, les ancêtres de nos chercheurs

actuels ont entrepris d'explorer ce à quoi leurs seuls sens ne leur donnaient guère accès à l'aide de dispositifs d'observation et de mesure de plus en plus sophistiqués. À la poursuite des « lois de la nature », ils comprirent aussi que ces dernières ne se donnaient à connaître, souvent, qu'à travers leurs comportements en réponse à des stimulations et perturbations variées, idée-clé des sciences expérimentales.

Les principes de l'observation-expérimentation-intégration sont fréquemment combinés afin d'explorer l'intimité de la matière et des systèmes. Les biologistes utilisent souvent des « sondes », s'intégrant à une cellule, un dispositif biologique pour permettre d'en caractériser les paramètres « de l'intérieur ». Ce sont des molécules marquées s'incorporant au sein des tissus dont ils miment l'un des constituants, des ligands variés de récepteurs spécifiques, des substances inorganiques dotées d'une affinité particulière pour certains composants cellulaires, parfois simplement des substances dont le signal est aisé à percevoir et qui permettent de visualiser l'ensemble des gros et des petits vaisseaux. Aujourd'hui, les biologistes et biotechniciens tentent de mettre au point des sondes de complexité croissante, des microrobots édifiés grâce aux nanotechnologies. En d'autres termes, les sondes nanotechnologiques d'exploration du corps utiliseront à leur tour la stratégie développée pour l'exploration de l'espace grâce à l'incorporation dans divers systèmes gravitationnels de prodiges de technologie.

L'être humain a la passion de connaître, avons-nous dit ; mais aussi celle de pouvoir et du pouvoir, et cette question mérite chaque fois d'être posée lorsque l'inventivité humaine, s'appuyant sur les progrès de la technique et de la science, aboutit à de nouvelles conquêtes. De façon directe ou indirecte, elles sont non seulement le moyen de repousser les limites de l'ignorance, mais aussi d'agir sur les choses et les gens, le cas échéant de les dominer, voire de les assujettir quand ce n'est de les annihiler. De ce point de vue, les nanosatellites auxquels on peut comparer certaines sondes biologiques de l'avenir, autant que les "macrosatellites" de plus en plus performants, soulèvent les mêmes questions : quels merveilleux outils pour apprendre et comprendre, pour soigner et aider, pour contribuer à l'épanouissement de l'humanité… mais quels moyens d'une redoutable efficacité s'il s'agit d'espionner, d'asservir, voire de détruire… C'est là une autre question que celle du développement technologique lui-même, elle relève de la capacité de notre humanité à fixer un objectif à ses desseins et à ses pouvoirs, qui est de contribuer à l'épanouissement des citoyens du monde, de ceux d'aujourd'hui et de demain. Cela implique de savoir garder la maîtrise de la maîtrise technique afin de n'en être pas, soi-même et les autres, menacés.

Axel Kahn
président de l'université Paris-Descartes

↖ **Couverture de la revue « Spoutnik »** illustrée par Chabril, 1959.

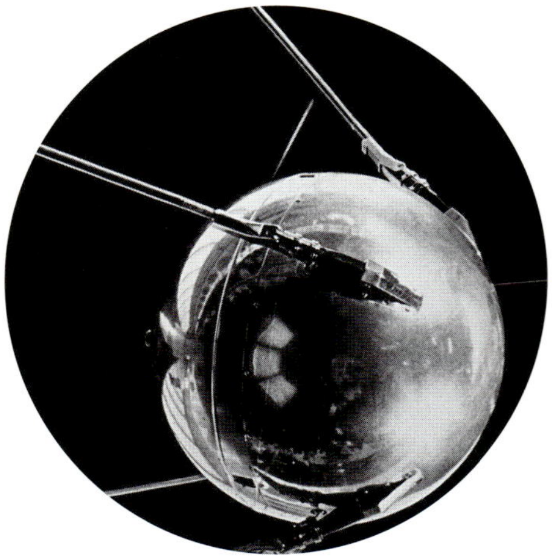

↑ **SPOUTNIK** 1957

↑ **TELSTAR** 1962

À la découverte d'un nouveau monde

Le mot « satellite » a été introduit dans l'astronomie par Kepler lui-même, lorsqu'en 1610 il observa les « astres médicéens » découverts par Galilée autour de Jupiter, et il ne dédaigna pas d'écrire un voyage dans la Lune, le *Somnium*, véritable ouvrage de science-fiction, et le premier.

↑ **L'astronome Johannes Kepler et l'empereur Rodolph II de Habsbourg.**

Quitter la Terre est un vieux rêve de poète, ou de philosophe. Au XIXe siècle, beaucoup de gens laissèrent leur imagination courir sur le sujet, et Jules Verne le rendit populaire avec ses *De la Terre à la Lune* (1865) et *Autour de la Lune* (1870). C'est en Russie qu'il devint à la mode. Avant la fin de ce siècle, près de vingt idées de projets y naquirent. L'autodidacte Konstantine Edouardovitch Tsiolkovski est considéré comme le véritable précurseur de l'activité spatiale, bien qu'il se soit borné à écrire. Il introduisit en 1903 les notions de satellite artificiel et de sonde interplanétaire.

La solution du problème posé par le passage du rêve planétaire à la réalité existait donc sur le papier. Pour voyager dans l'espace, il faudrait utiliser la propulsion à réaction et mettre au point des fusées biliquides à étages multiples. Le sujet fut approfondi et vulgarisé en Allemagne par Hermann Oberth dans son livre très influent *Die Raketen zu dur Planeten raümen* publié en 1923.

Deux régimes totalitaires, qui donnaient la priorité aux investissements militaires, financèrent l'effort grâce auquel l'homme vainquit la gravité.

En Union soviétique, plusieurs groupes inspirés par Tsiolkovsky furent réunis par le gouvernement en 1925 pour former à Moscou un centre de recherches qui lança de petites fusées, mais les procès de Moscou interrompirent son effort et les responsables se retrouvèrent au goulag.

En Allemagne nazie, le directeur des armements de l'armée de terre voulut contourner les stipulations du traité de Versailles,

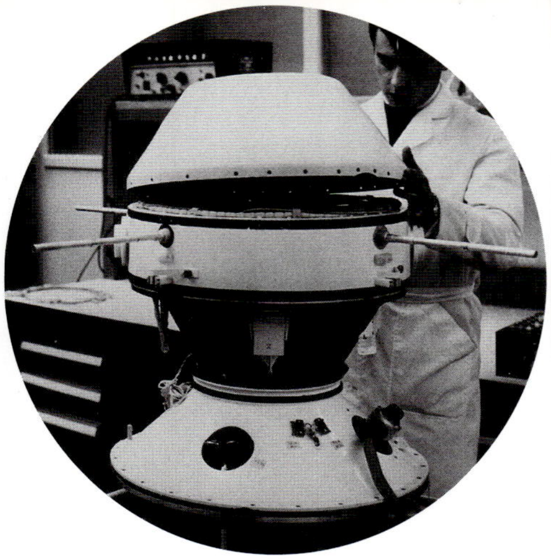

↑ **ASTÉRIX**
1965

↑ **VENERA 4**
1967

↗ **APOLLO 11**
1969

qui limitaient son artillerie, en développant des armes nouvelles et réussit non seulement à mettre au point la fusée V2 qui portait une tonne d'explosif à 200 kilomètres, mais aussi à la rendre opérationnelle sur le front et à en tirer 3000 contre la France, la Belgique, tuant 2700 civils et en blessant 30000. Son succès et surtout le nombre de morts prouvaient que la fusée n'était plus le fantasme d'un savant fou. Les Alliés la prirent donc au sérieux et tant les Soviétiques que les Américains, avec l'aide d'ingénieurs allemands, mirent au point chacun de leur côté des missiles balistiques fonctionnant sur le principe du V2 et portant plusieurs tonnes de charge utile en tête, à plusieurs milliers de kilomètres.
Les scientifiques ne restèrent pas indifférents à ce développement. Dès 1946, des V2 récupérés par les Américains furent tirés du Nouveau-Mexique avec des instruments dévolus à l'étude de la haute atmosphère. Lorsque s'incarna, en l'Année géophysique internationale, la vieille idée des Années polaires qui avaient consacré des crédits extraordinaires à la recherche dans le domaine géophysique au moyen d'une coopération entre les Académies des sciences des différentes nations, la communauté scientifique proposa d'utiliser les nouveaux véhicules dans leurs travaux. Allant plus loin, le Comité spécial de l'Année géophysique internationale, qui coordonnait les efforts des pays impliqués, proposa lors de sa réunion de Rome le 4 octobre 1954 de placer dans le programme le lancement de satellites artificiels. L'appel fut entendu et en juillet 1955, à deux jours d'intervalle, le gouvernement des États-Unis et celui de l'Union soviétique annoncèrent qu'ils lanceraient des satellites pendant l'Année géophysique 1957-1958. Ainsi fut fait, et le 4 octobre 1957 l'Union soviétique plaça Spoutnik 1 en orbite, suivie le 31 janvier par les États-Unis.
Les objectifs militaires n'avaient pas suffi pour justifier l'effort marginal qui aurait permis de passer des missiles aux satellites :

↑ **Konstantine Edouardovitch Tsiolkovski,** précurseur de l'activité spatiale à l'origine des notions de satellite artificiel et de sonde interplanétaire.

↑ **LANDSAT**
1972

↑ **VOYAGER**
1977

↑ **IUE**
1978

c'est à la communauté scientifique qu'est dû cet exploit. Elle trouva rapidement la récompense de sa lucidité : l'ensemble des sciences de l'Univers a été bouleversé par les satellites et les sondes planétaires. Dès sa naissance le nouvel outil qu'était l'espace démontra son extraordinaire potentiel d'innovation. Le premier satellite américain, Explorer I, bouleversa le domaine de l'environnement planétaire de la Terre en découvrant les zones de piégeage dites de Van Allen. Luna 3, lancée le 4 octobre 1959, photographia la face inconnue de notre satellite naturel. Tiros I, lancé le 1er avril 1960, se montra le précurseur des satellites météorologiques en obtenant 23 000 images de la Terre. Syncom 1, lancé le 14 février 1963, utilisa pour la première fois l'orbite géostationnaire pour les télécommunications. Mariner 4, lancé le 28 novembre 1964, surprit le monde entier par son observation des cratères sur Mars qui mettait fin à la légende des petits hommes verts. Venera 4 (12 juin 1967) et Mariner 5 (14 juin 1967) prouvèrent que l'atmosphère de Vénus était trop chaude pour y permettre la vie.

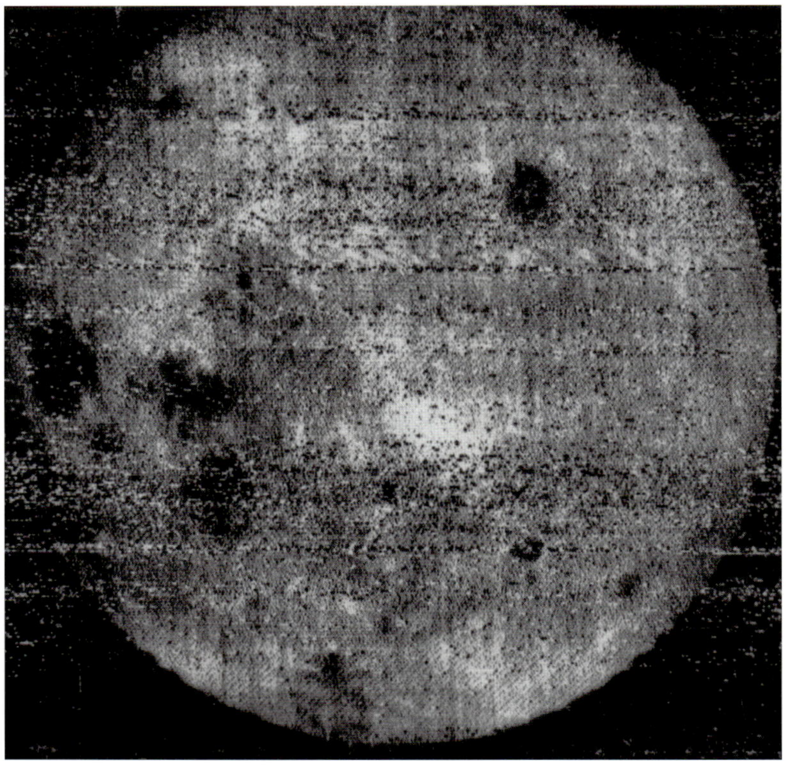

↑ **Première image de la face cachée de la Lune** photographiée par Luna 3, le 6 octobre 1959.

Depuis, l'espace a permis, en astronomie, la découverte et l'étude détaillée des phénomènes suprathermiques, c'est-à-dire de comprendre l'évolution des galaxies et des étoiles, puis d'en déduire l'histoire de l'Univers depuis le Big Bang auquel il a donné une nouvelle vie. Plus près de nous, les planètes, sur lesquelles nous ne savions rien en 1960, ont toutes été visitées. La Terre elle-même a été explorée comme jamais auparavant, puisque les satellites permettent d'obtenir avec précision la valeur des paramètres qui définissent l'état de l'atmosphère, de l'océan, des glaces polaires et des profondeurs tectoniques. De plus, les activités spatiales ont une composante qu'à peu près

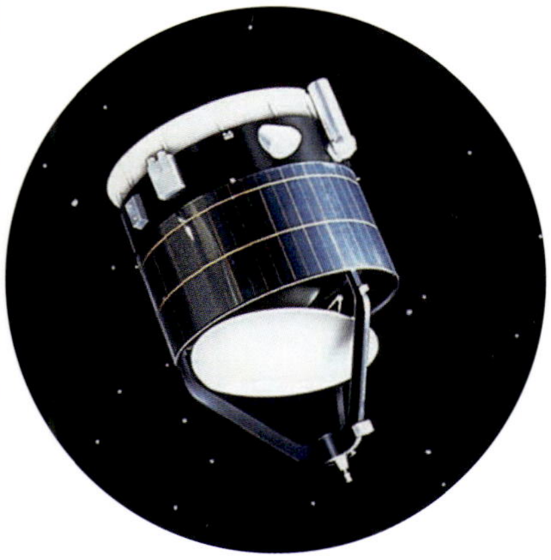

↑ **GIOTTO**
1986

↑ **HUBBLE**
1990

↑ **SPOT**
1986

personne n'avait prévue, à savoir la mise à disposition de la société et des collectivités de nombreux services devenus indispensables à leur fonctionnement, comme les télécommunications, la diffusion directe de télévision, la prévision météorologique, la surveillance de l'environnement, la navigation, la collecte de données, le secours en mer et en montagne, s'ajoutant aux applications militaires dont les États-Unis ont fait un des piliers de leur défense. L'espace s'est en effet révélé comme le moyen global par excellence de recueillir, transmettre et diffuser l'information, au moment où le fonctionnement du système politique mondial repose sur la maîtrise des flux d'information. Aujourd'hui, on le voit envahir les marchés de masse en fournissant des prestations de communication au bénéfice des personnes privées, qui les utilisent comme des accessoires devenus nécessaires à la vie quotidienne, alimentant leurs postes de télévision, leurs voitures par GPS et leur faim d'images par Google Earth.

Mais la puissance de l'espace transcende le monde réel pour s'affirmer aussi dans le monde virtuel, celui du prestige. L'entreprise spatiale est devenue le symbole par lequel un régime politique affirme sa supériorité. Nous le voyons avec les nations émergentes, la Chine et l'Inde, qui veulent rejouer les scènes déjà vécues au milieu du siècle dernier et envoyer leurs sondes et leurs hommes autour de la Terre et jusqu'à la Lune.

Jacques Blamont

↑ **Image de Mars** prise par la sonde Viking 1 en juillet 1976.

↑ **ERS-1**
1995

↑ **ISO**
1995

↑ **JASON**
2001

Au croisement d'enjeux d'avenir

L'activité spatiale se trouve au croisement de plusieurs types d'enjeux : scientifiques, politiques ou stratégiques, économiques, technologiques et industriels, sociétaux.
Grâce aux satellites scientifiques, nous cherchons à accroître la connaissance et la compréhension de l'Univers dans lequel nous vivons. Les télescopes spatiaux observent l'Univers en échappant aux perturbations de l'atmosphère terrestre, et permettent d'appréhender l'origine et l'évolution de l'Univers, ainsi que des objets qui le constituent, galaxies, étoiles, planètes. En explorant le système solaire, nous cherchons à prolonger la présence humaine, réellement (missions habitées) ou virtuellement (missions automatiques) au-delà des limites de notre planète. Dans ce domaine de l'étude et de l'exploration de l'Univers, où l'espace est à la fois l'objet de l'étude et l'outil de l'étude, il s'établit naturellement un partenariat entre la communauté scientifique et les agences spatiales. Ces programmes, souvent à la pointe extrême des technologies instrumentales disponibles, sont un puissant moteur d'innovation. La réalisation des projets peut en effet être conditionnée à l'aboutissement d'un effort de recherche technologique destiné à valider une technologie clé et à lui donner un niveau de maturité suffisant. Les ingénieurs sont régulièrement placés devant de nouveaux défis : minimiser les risques, maximiser les performances, contenir les coûts et les délais, en fonction d'une multitude de paramètres (bilans de masse et de puissance, champs de vue des instruments, exigences d'orbite et de pointage, contraintes thermiques, stabilité mécanique, flux de données, créneaux de lancement, etc.). La plupart, sinon la totalité, de ces missions incluent des coopérations bilatérales ou multilatérales ; en effet, pour viser des objectifs scientifiques dont l'ambition et la complexité ne cessent de croître, des coopérations à l'échelle européenne, voire internationale, sont de plus en plus indispensables.
Notre propre planète, la Terre, est aussi un objet d'étude mais son intérêt va au-delà du seul domaine scientifique, car améliorer

↑ **Champs d'antennes à la station de Redu en Belgique.**

↑ **ENVISAT**
2002

↑ **SMOS**
2009

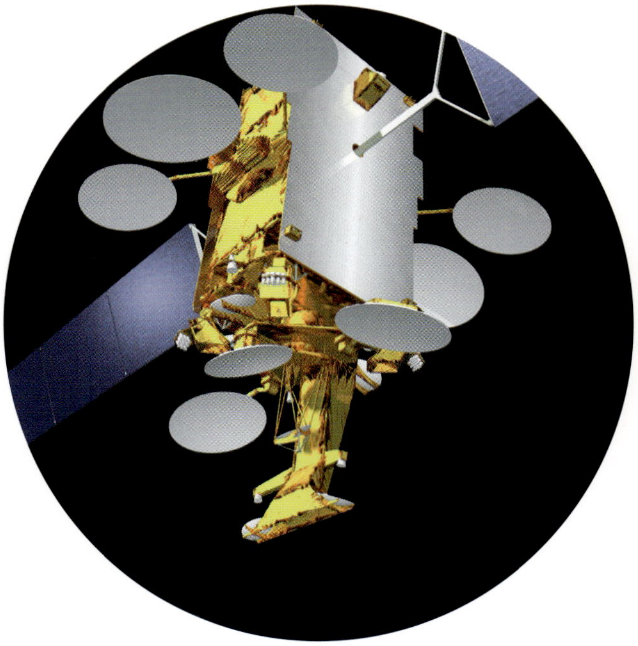

↑ **ALPHABUS**
2009

par l'observation et la mesure la connaissance et la compréhension de son fonctionnement peut être essentiel pour notre survie. Des interactions complexes existent entre le Soleil, l'atmosphère, les océans, les glaces, les surfaces continentales, la biosphère ; les effets de l'activité humaine occupent une part croissante dans ces mécanismes, d'où la prise de conscience récente de la nécessité d'une gestion globale de la planète, dont la préservation doit être une priorité politique absolue. Le satellite, parce qu'il permet la collecte de données de manière globale et continue, joue un rôle essentiel, qu'il s'agisse d'assurer les moyens d'un développement durable ou la sécurité vis-à-vis des risques naturels et politiques. La poursuite de ces deux objectifs fait appel à des techniques similaires, ou « duales » (observation optique ou radar, radiocommunications) ; des synergies de développement permettent d'optimiser l'efficacité technologique et économique.

Quelles sont les thématiques qui promettent d'être les plus fécondes au cours de la prochaine décennie ? Dans le domaine de l'étude et l'exploration de l'Univers, j'en citerai trois : les questions cosmologiques, la recherche de planètes susceptibles d'abriter la vie autour d'étoiles proches et l'exploration du système solaire, notamment de Mars. Dans le domaine de l'étude et l'observation de la Terre, je placerai en priorité la question du changement climatique.

D'après les résultats des satellites américains COBE puis surtout WMAP, 5 % seulement de la matière et de l'énergie que contient l'Univers est pour l'essentiel constitué de matière baryonique, celle que nous connaissons, faite de neutrons et de protons, ainsi que d'électrons ; 30 % environ est dû à des particules massives inconnues, « la matière noire », et le reste, près des deux tiers, est une mystérieuse forme d'énergie, « l'énergie noire », qu'on peut relier à la « constante cosmologique », paramètre *ad hoc* de la relativité générale. Aujourd'hui, l'astrophysique et la physique fondamentale tendent à se rapprocher à travers divers problèmes liés à l'unification des interactions fondamentales et au rôle singulier de la gravitation par rapport aux autres interactions (faible, électromagnétique, forte). Les théories cherchant à concilier la physique quantique, qui décrit les interactions à l'échelle atomique, et la relativité générale, qui décrit la gravité à grande échelle, prédisent l'existence de nouvelles forces et de nouvelles particules. Quelle est la nature de la matière noire et de l'énergie noire, quel est leur lien avec la nouvelle physique que l'on tente d'élaborer, comment l'Univers primordial s'est-il structuré ? Peut-on prévoir sa fin ? Pour tenter de répondre à ces questions, on développe une approche coordonnée et multiforme dans laquelle l'outil spatial joue désormais un rôle essentiel alors que les accélérateurs de particules terrestres atteignent leurs limites.

On a découvert à présent plus de 270 planètes extrasolaires gravitant autour d'étoiles proches, dont les caractéristiques sont assez différentes des planètes de notre système solaire. La plupart sont en effet de type « Jupiter chaud », c'est-à-dire

↑ **GALILEO**
2010

↑ **SVOM**
2011

↑ **SWOT**
2011

de grosses planètes très proches de leur étoile, en raison des techniques expérimentales disponibles aujourd'hui, mais il devrait être possible dans un futur proche, grâce à des observatoires spatiaux dont le satellite CoRoT est le précurseur, de détecter des planètes de la taille de la Terre. Comprendre la formation des systèmes planétaires ainsi que la typologie de ces planètes est un autre objectif majeur, dont l'enjeu ultime est la compréhension des origines de la vie sur la Terre et la recherche d'une vie extraterrestre dans le système solaire et au-delà. La vie est-elle un phénomène largement répandu à travers les milliards d'étoiles qui composent chacune des milliards de galaxies que nous pouvons observer, ou est-ce au contraire la conjonction exceptionnelle, voire unique, d'une multitude de facteurs individuellement très improbables ?

Bien que tout dispositif d'observation ou de mesure, considéré comme une extension de nos sens, soit *de facto* un outil d'exploration, la problématique de l'exploration se réfère généralement aux endroits qui pourraient un jour être effectivement visités par l'homme, ce qui limite son domaine au système solaire, seul système planétaire que nous pouvons envisager d'étudier *in situ*. Comment la vie est-elle apparue sur la Terre ? Est-elle apparue ailleurs dans le système solaire et si oui est-elle encore présente aujourd'hui ? Pour cette dernière question, la première cible est évidemment Mars, la seule planète du système solaire, en dehors de la Terre, qui ait peut-être présenté à un moment de son histoire les conditions propres à l'émergence et au développement de la vie. C'est aussi la seule planète où il semble possible dans un futur pas trop éloigné, bien qu'encore indéterminé, d'envoyer un jour des hommes. L'exploration de Mars constitue un programme spatial de grande envergure, innovant du point de vue technologique, et susceptible de donner lieu à un large effort coopératif international. Il bénéficie d'un fort soutien de la communauté scientifique et joue un rôle fédérateur, car son intérêt dépasse la communauté traditionnelle de la recherche spatiale en touchant largement les sciences de la Terre et les sciences de la vie. En considérant l'énorme intérêt du public pour l'exploration du système solaire et en particulier de Mars, qui s'est particulièrement manifesté lors des récentes missions, on voit qu'il peut être un support extrêmement efficace pour stimuler sa curiosité scientifique et promouvoir la culture et l'éducation scientifiques.

Notre génération est sans doute la première à reconnaître que le monde sur lequel nous vivons est un monde fini, et dont les ressources sont limitées. L'utilisation de ressources extraterrestres n'est concevable que dans un avenir éloigné. Pendant longtemps encore, les humains (en fait une poignée d'entre eux !) ne pourront s'aventurer en dehors de la Terre que pour d'assez brèves périodes, et sans voyager bien loin dans le système solaire. Au contraire, nous allons devoir faire face à très court terme, à l'horizon d'une ou deux générations tout au plus, à des défis considérables, politiques et économiques : nourrir 10 milliards d'individus et leur assurer une vie décente tout en préservant

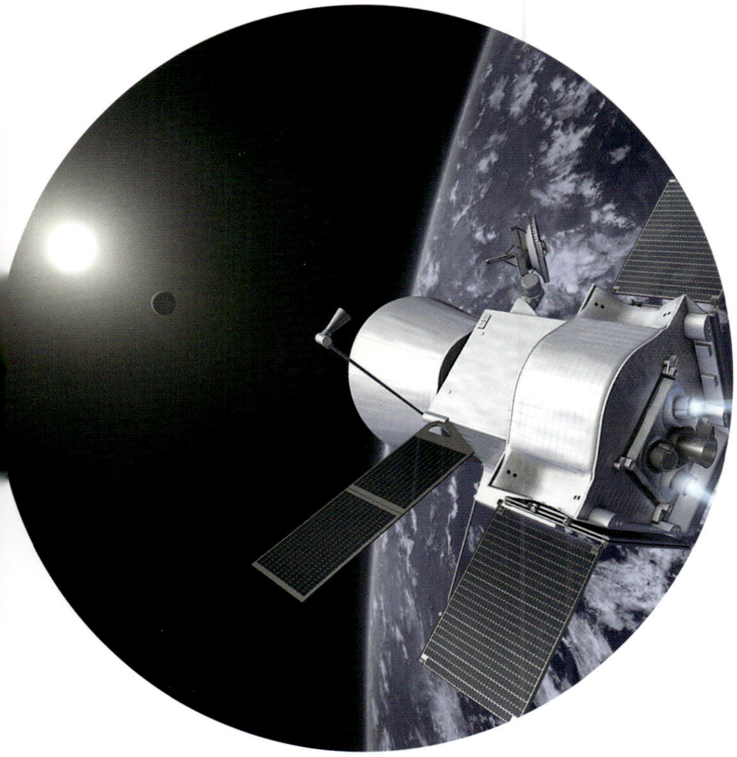

↑ **BEPICOLOMBO**
2013

↑ **SYMBOL X**
2014

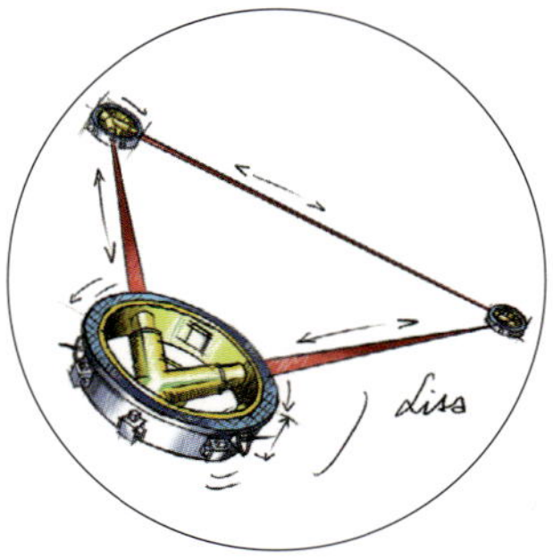

↗ **LISA**
2014

l'environnement de notre planète. La démographie, la pollution, l'accès à l'eau potable, le contrôle des ressources minières et énergétiques sont les matrices potentielles de conflits futurs au niveau régional, voire international. Ces menaces risquent d'être amplifiées par les conséquences d'un changement climatique en cours, dont la réalité n'est plus sérieusement contestée aujourd'hui. Une part de ce changement pourrait être due à l'activité humaine et à l'augmentation massive des rejets dans l'atmosphère de gaz à effet de serre depuis le début de l'ère industrielle. La manifestation la plus notable de ce changement climatique est l'augmentation de la température moyenne du globe, qui va s'accompagner de perturbations considérables du milieu terrestre (montée des eaux, régime des précipitations modifié, etc.) avec des conséquences en cascade sur la biosphère et sur les sociétés humaines (déplacements forcés de populations, production agricole, santé, etc.). Il importe donc d'affiner la compréhension et la modélisation des phénomènes climatiques, afin de disposer de projections aux échelles globale, régionale et subrégionale à court, moyen et long terme selon différents scénarios, et de pouvoir réaliser des études d'impact des évolutions climatiques et des politiques d'adaptation à ces évolutions sur les écosystèmes et sur les sociétés humaines. Les satellites apporteront une contribution essentielle à travers la fourniture continue de données climatiques pertinentes[1].

Les satellites ont pénétré dans notre vie quotidienne à travers de multiples services (télécommunications, télédiffusion, collecte de données, GPS, météo) sans que nous en soyons toujours conscients. De nouveaux services utilisant l'outil satellitaire sont en train d'émerger, par exemple la télémédecine dans des régions peu peuplées et difficiles d'accès, ou la télé-épidémiologie. La « conquête de l'espace » s'est développée au cours des années 1960 dans un contexte de guerre froide où il s'agissait d'affirmer la suprématie d'un bloc sans se préoccuper du coût de l'entreprise. Le paysage international a changé. Si la volonté reste chez certains États de démontrer à travers leurs programmes spatiaux leur capacité technologique, le spatial contribue désormais à renforcer la coopération internationale. Des forums internationaux des agences spatiales se sont mis en place dans les domaines de l'observation de la Terre et de l'exploration du système solaire afin de coordonner les divers programmes, tout en reconnaissant l'autonomie de chacun à travers une coopération équilibrée entre partenaires où l'apport de chacun est vraiment indispensable aux autres, « sans exclusivité ni appropriation par l'une ou l'autre des nations[2] ».

Richard Bonneville

[1] Citons le futur programme européen Kopernikus de surveillance et de protection de l'environnement, associant l'Agence spatiale européenne et l'Union européenne, qui fournira un ensemble de moyens, notamment satellitaires, et de services consacrés au suivi continu de notre planète.

[2] Discours du président de la République à Kourou le 11 février 2008.

Regards de

Marc Pircher,
directeur du Centre spatial de Toulouse du CNES

Passé par le Centre français de recherches aérospatiales (ONERA), et l'industrie, Marc Pircher est un homme de « l'architecture système », comme il aime à se définir lui-même. « J'ai très vite été absorbé par ce que l'on appelle dans notre jargon la dimension système. À savoir le traitement du satellite dans son ensemble : l'objet et ses instruments, le segment sol qui permet de le contrôler, le centre de mission qui le programme et le centre d'exploitation. C'est ce que l'on appelle le système de bout en bout. » Cette compétence l'amènera à prendre la direction du Centre spatial de Toulouse du CNES. Avec ses 1 300 personnes sur le site, le centre toulousain étudie, conçoit, développe, réalise, met à poste, contrôle et exploite les satellites. Grâce à son niveau d'expertise et ses liens avec l'ensemble de la communauté spatiale, il intervient à toutes les grandes étapes d'un programme spatial : de l'avant-projet aux études de conception et de définition détaillée jusqu'au développement des systèmes permettant la qualification au sol et en vol, et enfin au lancement et à l'exploitation. Satellites d'observation, militaire ou scientifique, quel que soit l'objet spatial, la mission est finalement de répondre au mieux aux besoins grâce aux profils de ses nombreux métiers : mécanique spatiale, optique, thermique, altimétrie, télécommunications, navigation, etc., et de faire en sorte que toutes ces technologies s'adaptent aux multiples servitudes de l'espace ! « Nous sommes des coordinateurs dans le microcosme spatial, résume Marc Pircher, des intermédiaires entre le scientifique et l'industriel. Notre rôle est de faire l'interface entre les deux : interpréter les besoins scientifiques et les traduire en langage industriel. » À ce titre, sa mission est, en amont, d'estimer si un programme est réalisable ou pas et, en aval, de veiller à ce que les technologies spatiales rencontrent leurs utilisateurs et d'accompagner dans la mesure du possible ces transferts. « Dans certains domaines, comme les télécommunications ou la météorologie, ce transfert a bien fonctionné et la rentabilité a été facilement trouvée. Ces satellites commerciaux ont d'ailleurs donné aux industriels une taille critique leur permettant aussi de travailler sur les programmes scientifiques, plus longs à concevoir et plus chers à réaliser », poursuit Marc Pircher. En tant que responsable de ce « grand labo spatial » qu'il décrit comme une « agence d'innovation et de développement pour préparer les technologies spatiales de demain », Marc Pircher conclut en jetant un regard à la fois lucide et confiant sur l'avenir : « L'histoire des satellites est faite de rencontres, d'innovations technologiques, de questionnements pour répondre aux besoins des hommes. Les satellites ont donné une vision globale de la Terre, il faut désormais se donner le temps de penser globalement en imaginant toutes les possibilités ouvertes par ces technologies spatiales. Il s'agit aussi de mettre en place les structures et les organisations capables d'exploiter durablement ces nouvelles données accessibles grâce aux satellites. »

L'histoire des satellites est faite de rencontres, d'innovations technologiques, de questionnements pour répondre aux besoins des hommes

Mise sous coiffe du satellite de télécommunication Hot-Bird 7A.

Préparation d'un lancement d'Ariane 5 depuis la salle de contrôle Jupiter au Centre spatial guyanais. Tous les indicateurs sont au vert.

La frontière entre le Mexique et les États-Unis vue par SPOT.

TERRE

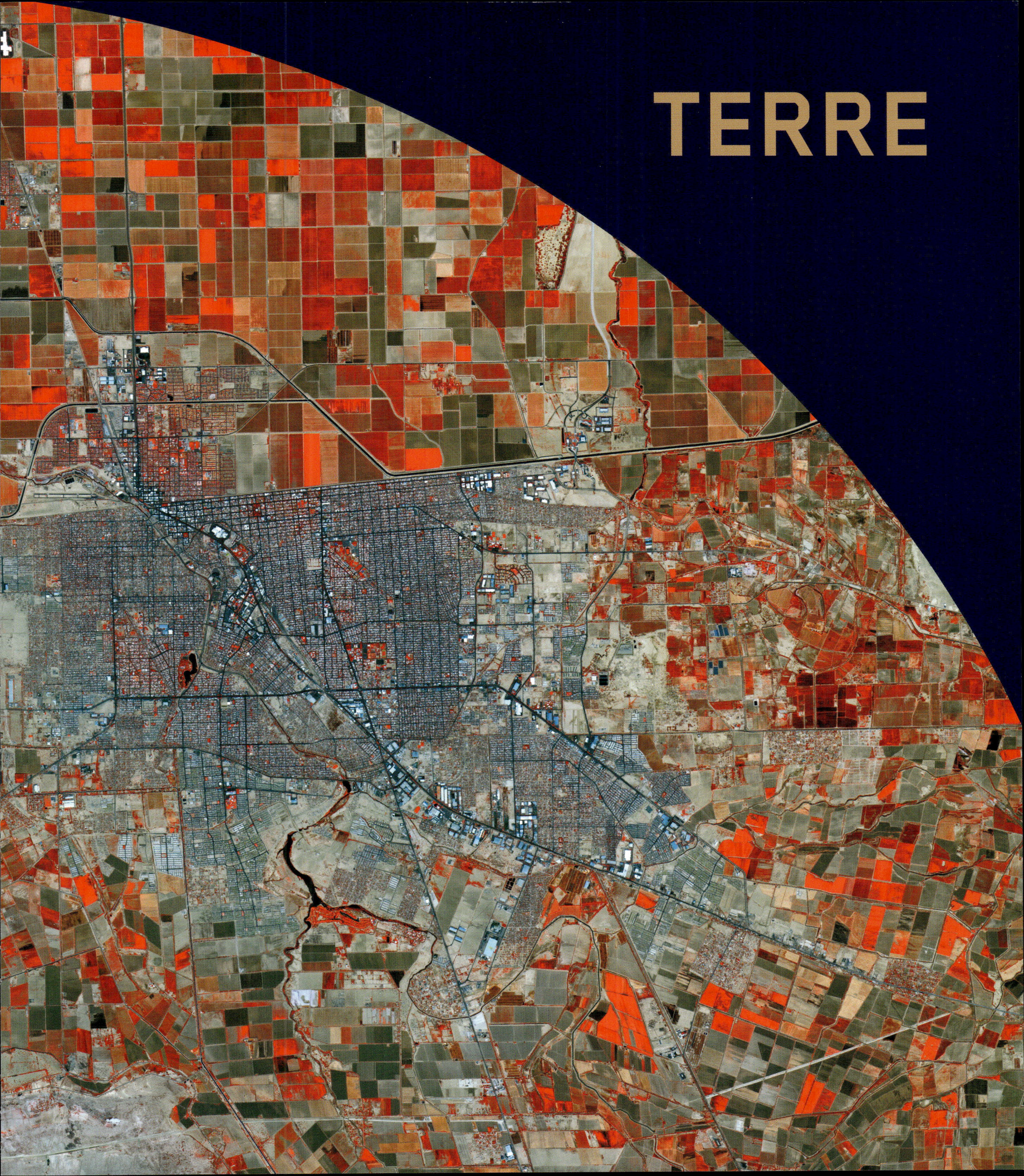

Au service de la Terre

Alors que les images de l'atmosphère terrestre prises par les satellites météorologiques sont bien connues du grand public, on sait moins souvent que de nombreux domaines relatifs à l'environnement terrestre bénéficient aussi de la surveillance permanente des satellites. Ainsi, l'observation depuis l'espace des terres émergées est devenue incontournable pour la surveillance des risques naturels, des ressources en eau, de l'étendue et de l'état des forêts, ainsi que pour la cartographie, l'occupation des sols, l'urbanisation, le suivi des cultures agricoles et même les pollutions. L'observation des océans par satellite a elle aussi atteint un degré de maturité tel qu'il est possible aujourd'hui de prédire, comme en météorologie, l'état de l'océan une ou deux semaines à l'avance.

Si l'utilité de l'espace pour l'étude et la surveillance de l'environnement terrestre est devenue incontestable, elle l'est aussi dans de nombreux domaines ayant trait aux recherches sur la structure de la planète et sur les phénomènes dont elle est le siège.

Pour décrire la globalité des phénomènes observés, les satellites sont en effet devenus des outils irremplaçables. Leurs avantages sont bien connus : ils offrent une vision globale et une résolution spatiale fine. Leurs observations couvrent des régions d'accès difficile, elles sont réalisées de manière quasi continue ou souvent répétées. Leurs mesures sont bien étalonnées et accessibles rapidement.

La Terre est un système complexe dont les différentes composantes (de la partie la plus interne du globe jusqu'à l'atmosphère et la biosphère) interagissent sur des échelles d'espace et de temps extraordinairement variées. Ainsi, le champ magnétique généré dans le noyau de la Terre est-il à l'origine de la magnétosphère qui protège la planète des particules nocives venues du Soleil et de l'espace lointain. Les phénomènes dynamiques internes sont responsables de déformations majeures de la croûte terrestre dont le volcanisme et les tremblements de terre en sont les manifestations les plus connues. La convection du manteau est pour une large part responsable de la gravité non uniforme et de la forme bosselée du globe terrestre. La tectonique des plaques, conséquence majeure de la convection mantellique, est à l'origine de la topographie complexe des fonds marins et, pour l'essentiel, de la topographie des continents, en particulier des chaînes de montagnes. L'océan, l'atmosphère, l'hydrosphère et la biosphère, où se déroulent les phénomènes liés à la vie et au climat, sont eux aussi le siège d'interactions complexes. Les courants marins par exemple transportent d'une région à l'autre de l'océan la chaleur échangée avec l'atmosphère et jouent un rôle important dans la régulation du climat de la Terre. La hausse du niveau des mers causée par le réchauffement des océans et l'apport d'eau dû à la fonte des glaciers et des calottes polaires est un autre exemple d'interactions entre plusieurs composantes du système climatique. Sa mesure précise et globale par altimétrie spatiale depuis le début des années 1990 a apporté des informations très précieuses – et aussi des surprises ! – sur la vitesse moyenne d'évolution et son importante variabilité régionale. La mesure du bilan de masse des calottes polaires depuis l'espace a aussi révélé un glissement accéléré de certains glaciers côtiers vers l'océan, qui fait craindre une contribution future importante à la hausse du niveau de la mer. L'observation par satellite de la température de la basse troposphère et de la surface de l'océan a confirmé le réchauffement général de la planète au cours des dernières décennies. Les missions récentes dédiées à l'étude des nuages devraient

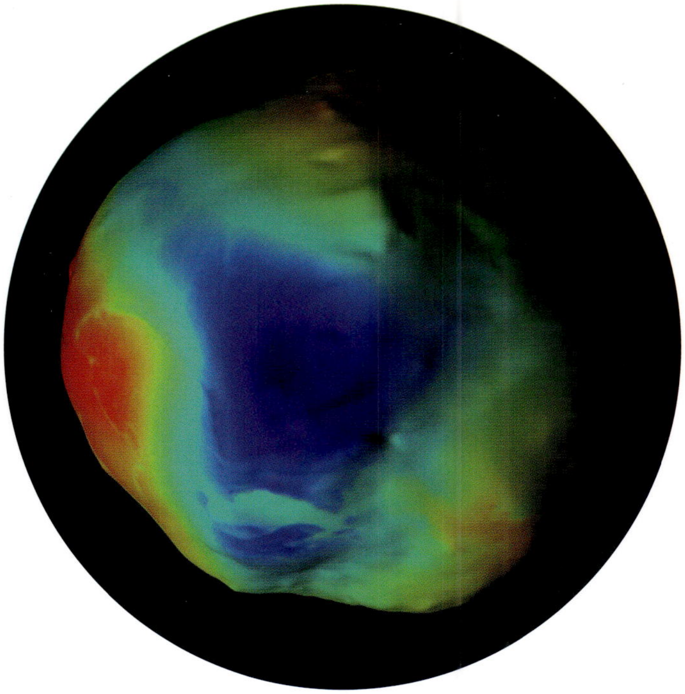

permettre prochainement de clarifier le rôle exact des nuages dans le bilan radiatif de la Terre et donc sur le climat. Les missions récentes et futures de mesure des précipitations sont d'une importance cruciale pour mieux comprendre le cycle de l'eau et ses interactions avec la variabilité climatique. Depuis quelques années, les satellites nous permettent aussi d'étudier les eaux continentales, par exemple les variations des niveaux d'eau des lacs, des rivières et des plaines inondées ; ou encore les variations temporelles du stock d'eau total (eaux du sous-sol, eaux de surface, manteau neigeux) dans les grands bassins fluviaux, avec des perspectives d'applications insoupçonnées, par exemple pour les ressources en eau.
Dans un grand nombre de cas, les observations sont réalisées à partir de techniques de télédétection, dont la principale caractéristique est de décrire à distance les propriétés d'objets naturels ou artificiels, à partir des rayonnements qu'ils émettent ou réfléchissent. Mais d'autres approches sont aussi développées, notamment pour déterminer les propriétés physiques à grande échelle du globe terrestre ou encore les déformations de la surface terrestre ; parmi celles-ci, l'embarquement sur satellite d'instruments permettant la mesure de phénomènes particuliers comme le champ magnétique de la Terre, la gravité de la Terre, la mesure de distances ou de vitesses entre le satellite et des balises placées à la surface terrestre dont on déduit les déformations des trajectoires, qui renseignent sur les forces maintenant les satellites en orbite, etc.

Pour rendre plus efficaces tous leurs moyens spatiaux, les agences spatiales ont décidé de créer le GEO (Group on Earth Observation – Groupe pour les observations de la Terre). L'objectif est d'assurer la mise en œuvre d'un système global d'observation de l'ensemble de la Terre par la coordination des systèmes existants et à venir. Avec toutes les données ainsi acquises en permanence, chacun pourra disposer de la bonne information, au bon moment et dans la forme qui lui convient. Pour faciliter l'accès à toutes ces informations, en particulier dans le domaine de l'environnement, l'Union européenne, en accord avec l'Agence spatiale européenne et les États membres, a décidé la mise en place du programme Kopernikus. En concertation avec les utilisateurs, la Commission européenne a identifié plusieurs domaines prioritaires : l'environnement océanique et côtier, l'aménagement des territoires, la qualité de l'air et la gestion des urgences dans le contexte de catastrophes d'origine naturelle ou industrielle.
Ces décisions illustrent l'importance accordée aux techniques spatiales pour mieux comprendre le fonctionnement et l'évolution de notre planète, et les implications associées sur les sociétés humaines.

Anny Cazenave

↖ **La Terre vue par Météosat.**
Canal infrarouge, les zones terrestres chauffées par le soleil apparaissent en sombre.

↑ **Géoïde,** la vraie forme de la Terre restituée ici par le satellite européen ERS-1.

↗ **Hauteurs de mer sur le Pacifique le 19 février 2008 :**
les niveaux particulièrement bas près de l'Amérique du Sud (bleu) correspondent au phénomène La Niña, phase froide d'El Niño. Les conséquences climatiques de La Niña ne sont pas négligeables. Il est donc important de les surveiller et de les modéliser afin de prévoir les perturbations climatiques, et ainsi d'en atténuer les conséquences pour les populations.

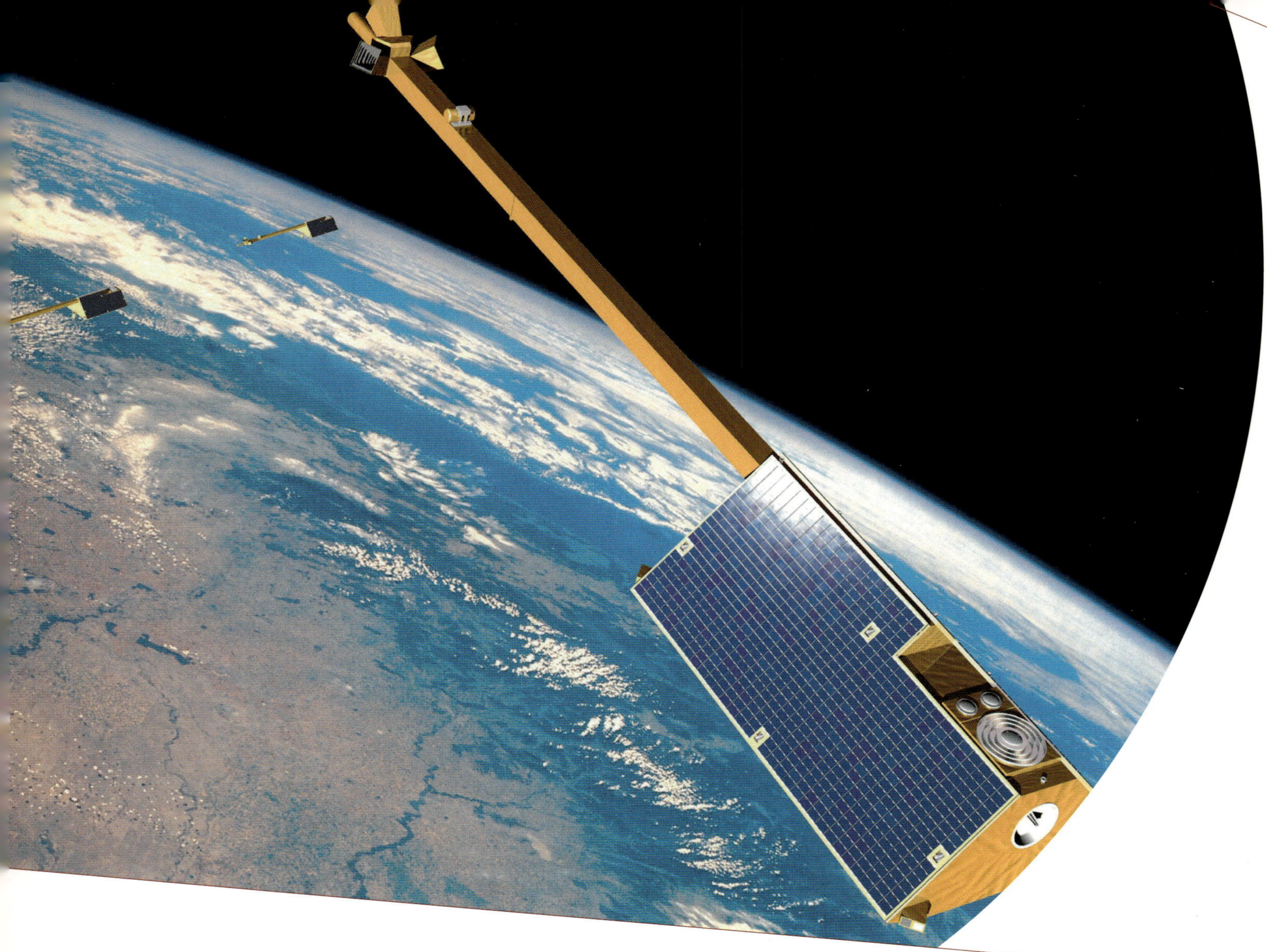

La mission Swarm du programme « Planète vivante » de l'ESA est destinée à mieux comprendre la nature et le comportement du champ magnétique terrestre. Ce dernier résulte de la superposition de champs produits par des sources de nature variée et les trois satellites de la mission ne seront pas de trop pour bien identifier et étudier chacun de ces champs. Mais de quels champs s'agit-il exactement ?

Celui qui domine, le champ magnétique principal, est produit au sein du noyau liquide et métallique de la Terre. Ce dernier continue d'évacuer sa chaleur primordiale par convection et une partie de l'énergie mécanique produite est convertie en courants électriques, comme c'est le cas dans les dynamos des barrages hydroélectriques. Cette géodynamo produit alors un champ magnétique dont les lignes de champ s'échappent principalement par l'hémisphère Sud, pour replonger dans l'hémisphère Nord. Un grand nombre de ces lignes de champ traversent les enveloppes solides de la Terre, les océans, l'atmosphère neutre, l'ionosphère, et atteignent l'espace interplanétaire, pour former la magnétosphère. En interagissant avec ces différents milieux, le champ principal est aussi à l'origine de nombreux autres champs magnétiques observables sur la Terre.

Il est d'abord la cause de l'aimantation de la plupart des roches que l'on trouve dans les premières dizaines de kilomètres de la Terre. Cette aimantation comporte une composante acquise lors de la formation de la roche (ou de sa transformation) dans le champ principal ancien, et une composante induite dans le champ principal contemporain. Les roches ainsi aimantées produisent le champ crustal.

SWARM

Une constellation pour mesurer le champ magnétique

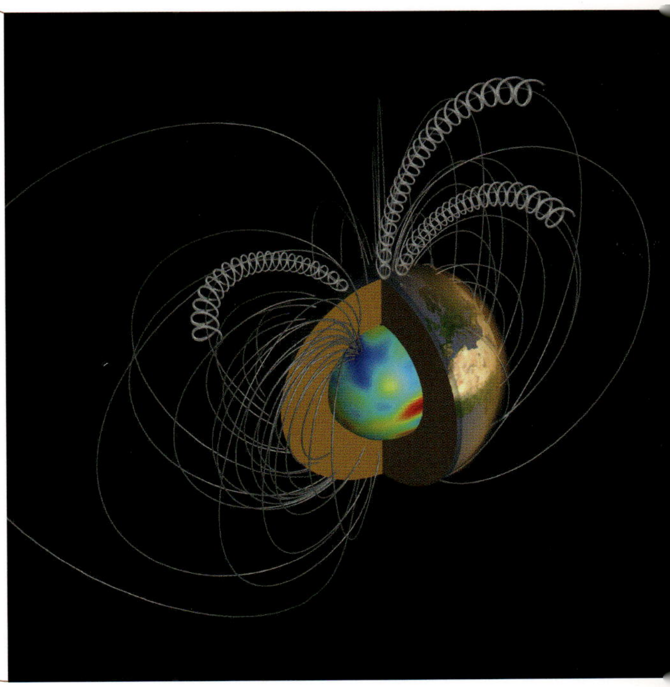

↑ **Le champ magnétique principal de notre planète est généré dans le noyau de la Terre.**
Cet écorché de la Terre laisse apparaître une partie de la surface du noyau (année 2000). En rouge, les régions d'où les lignes de champ magnétique s'échappent, en bleue, les régions où elles replongent dans le noyau. Les lignes de champ s'échappent donc principalement de l'hémisphère Sud du noyau, pour replonger dans l'hémisphère Nord, et témoignent d'un champ dipolaire.

Swarm

Mission ESA

Trois satellites identiques placés sur orbite par le même lanceur

Lancement	2010
Masse	400 kg
Dimensions	7,85 x 1,50 x 1,03 m Le mât portant le magnétomètre mesurera 5,4 m
Orbite	Polaire à 530 km d'altitude pour l'un et 450 km pour les deux autres
Durée de mission	Nominale 4 ans

Le déplacement des masses océaniques conductrices à travers les lignes du champ principal induit par ailleurs des courants électriques. Ceux-ci engendrent un faible champ océanique. Un phénomène semblable se produit aussi au sein de l'ionosphère, bien plus conductrice, et animée d'une marée thermique (la dilatant le jour, la contractant la nuit). Les courants électriques ainsi produits sont à l'origine d'un champ ionosphérique. Enfin, en atteignant l'espace interplanétaire et en interagissant avec le vent solaire, les lignes de champ principal vont également engendrer de vastes nappes de courants, organiser le ballet des particules chargées et produire ainsi le champ magnétosphérique.

Les champs ionosphérique et magnétosphérique peuvent varier rapidement sous l'influence du vent solaire, notamment lors d'épisodes d'orages magnétiques (généralement associés aux fameuses aurores boréales). Ces variations induisent à leur tour des courants électriques dans le sous-sol. Ceux-ci sont alors la source du champ magnétique induit.

L'objectif ambitieux de la mission Swarm est de faire progresser notre connaissance de l'ensemble de ces champs magnétiques et de leurs sources. Elle comportera trois satellites lancés, simultanément, sur des orbites polaires à basse altitude et emportant, notamment, un magnétomètre absolu d'une très grande précision développé par le CEA/LETI et fourni par le CNES. Toutes les secondes pendant quatre ans, durée prévue de leur fonctionnement, chaque satellite mesurera et restituera dans l'espace la direction et l'intensité du champ magnétique rencontré. En outre, des mesures électriques et accélérométriques donneront des indications précieuses sur l'état du milieu traversé. Ces mesures seront complétées par d'autres effectuées au sol dans plus d'une centaine d'observatoires magnétiques. Ceci permettra de séparer dans le signal observé par chaque satellite ce qui est dû à son déplacement dans l'espace de ce qui est dû aux variations temporelles du champ mesuré. Deux des satellites seront sur des orbites parallèles proches pour permettre des mesures spatiales différentielles, et le troisième glissera progressivement vers une orbite décalée en heure locale. Grâce à cette configuration, et aux propriétés intrinsèques des champs magnétiques, il sera possible d'identifier les contributions de chacun des champs décrits précédemment, puis d'en étudier les sources.

Quels progrès peut-on alors escompter d'une telle mission ? Swarm s'inscrit dans la continuité de plusieurs siècles d'observations du champ magnétique depuis le sol, et d'une décennie d'observations précises depuis l'espace. Les mesures faites par les trois satellites permettront de poursuivre l'observation du champ magnétique principal dont l'intensité décroît rapidement, notamment dans la région dite de l'anomalie de l'Atlantique Sud. Cette anomalie va-t-elle s'étendre et le champ continuer à décroître ? Swarm fournira des données pour le déterminer et mieux comprendre la façon dont la géodynamo fonctionne et évolue à court et moyen terme. Par ailleurs, si l'on connaît les plus petites échelles du champ crustal par des levés terrestres et ses plus grandes échelles par les précédentes missions spatiales, les échelles intermédiaires, critiques pour une bonne compréhension des grandes régions tectoniques, restent méconnues. Swarm complétera la cartographie de ce champ crustal. En permettant de visualiser les courants électriques externes, Swarm permettra aussi l'étude des couplages entre la magnétosphère, l'ionosphère et l'atmosphère. De manière plus prospective enfin, Swarm devrait permettre de progresser sur la détermination des propriétés électriques du sous-sol, et l'étude du signal magnétique des océans. Vaste programme s'il en est.

Gauthier Hulot

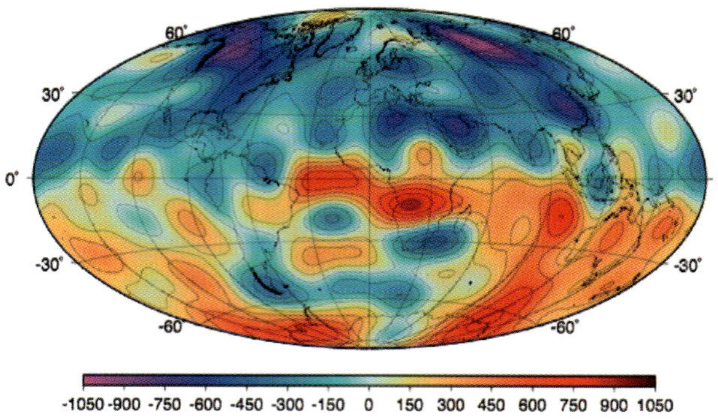

↑
→ **Cartes du champ magnétique principal.**
À gauche, composante radiale du champ principal à la surface du noyau pour l'an 2000 (unités en microteslas). En rouge, les régions où les lignes de champ émergent du noyau, et celles en bleu où elles replongent dans le noyau. On note la présence d'une vaste région sous l'Atlantique Sud, en bleue, où les lignes replongent directement sans changer d'hémisphère.
À droite, carte illustrant l'intensité du champ principal à la surface de la Terre (en nanoteslas) avec la visualisation de ce phénomène, en violet. Cette anomalie, dite anomalie de l'Atlantique Sud, est la principale structure non dipolaire du champ magnétique terrestre. Elle est responsable de ce que des particules chargées peuvent s'approcher très près de la Terre dans cette région, causant des dysfonctionnements des satellites. Elle évolue rapidement à l'échelle humaine. La mission Swarm permettra de mieux en comprendre la nature et l'évolution.

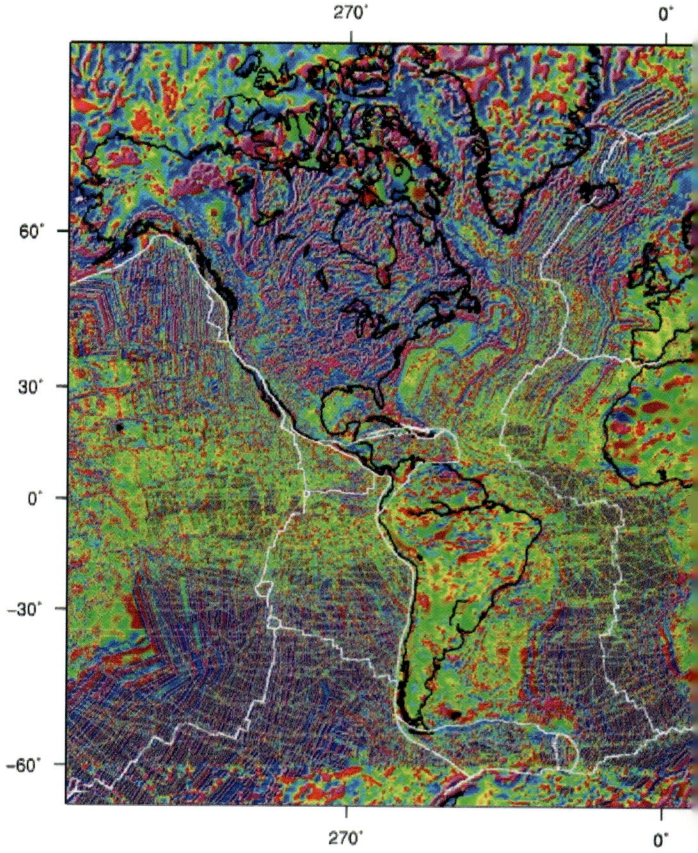

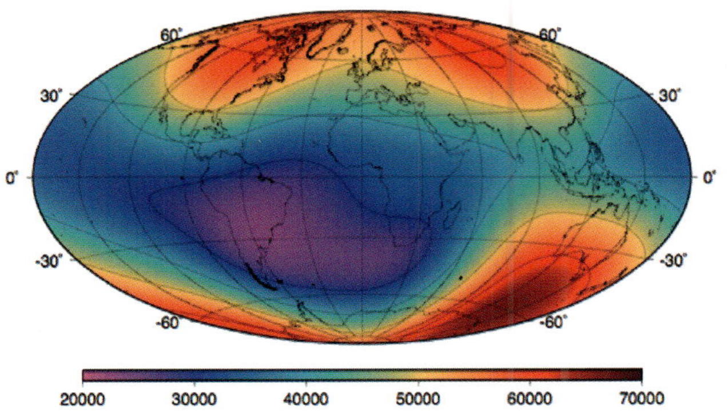

↓ **Carte du champ magnétique de la croûte terrestre** montrant les perturbations locales d'intensité produites à 5 kilomètres d'altitude par les roches aimantées du sous-sol. Elle est faite à partir de l'ensemble des observations magnétiques par bateaux, avions et satellites, et est complétée, par endroits, par des valeurs artificielles. Cette carte est encore très incomplète. La mission Swarm permettra d'enrichir considérablement cette carte, qui fournit déjà des informations très précieuses sur la nature du sous-sol et les processus tectoniques qui affectent la surface de la Terre.

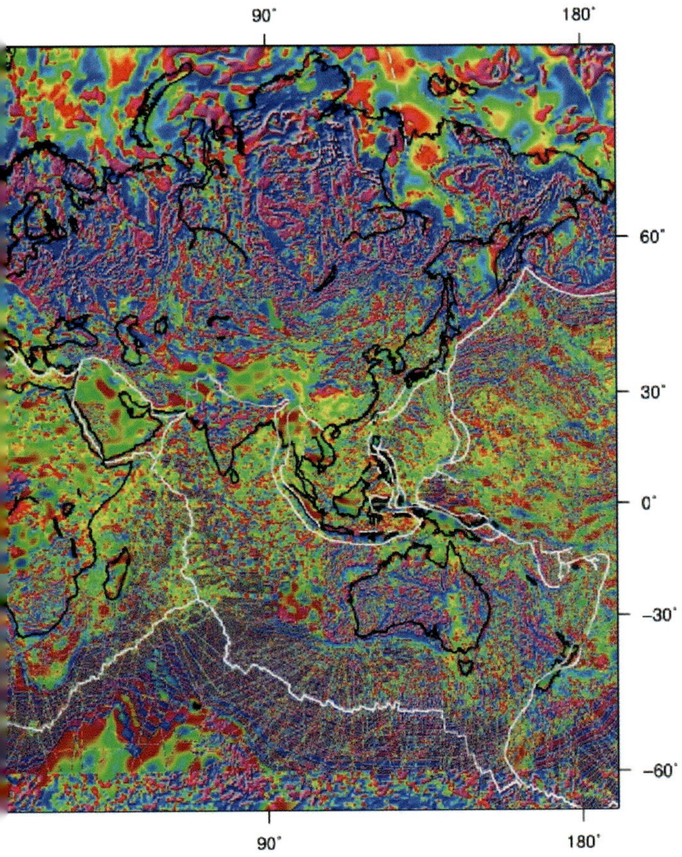

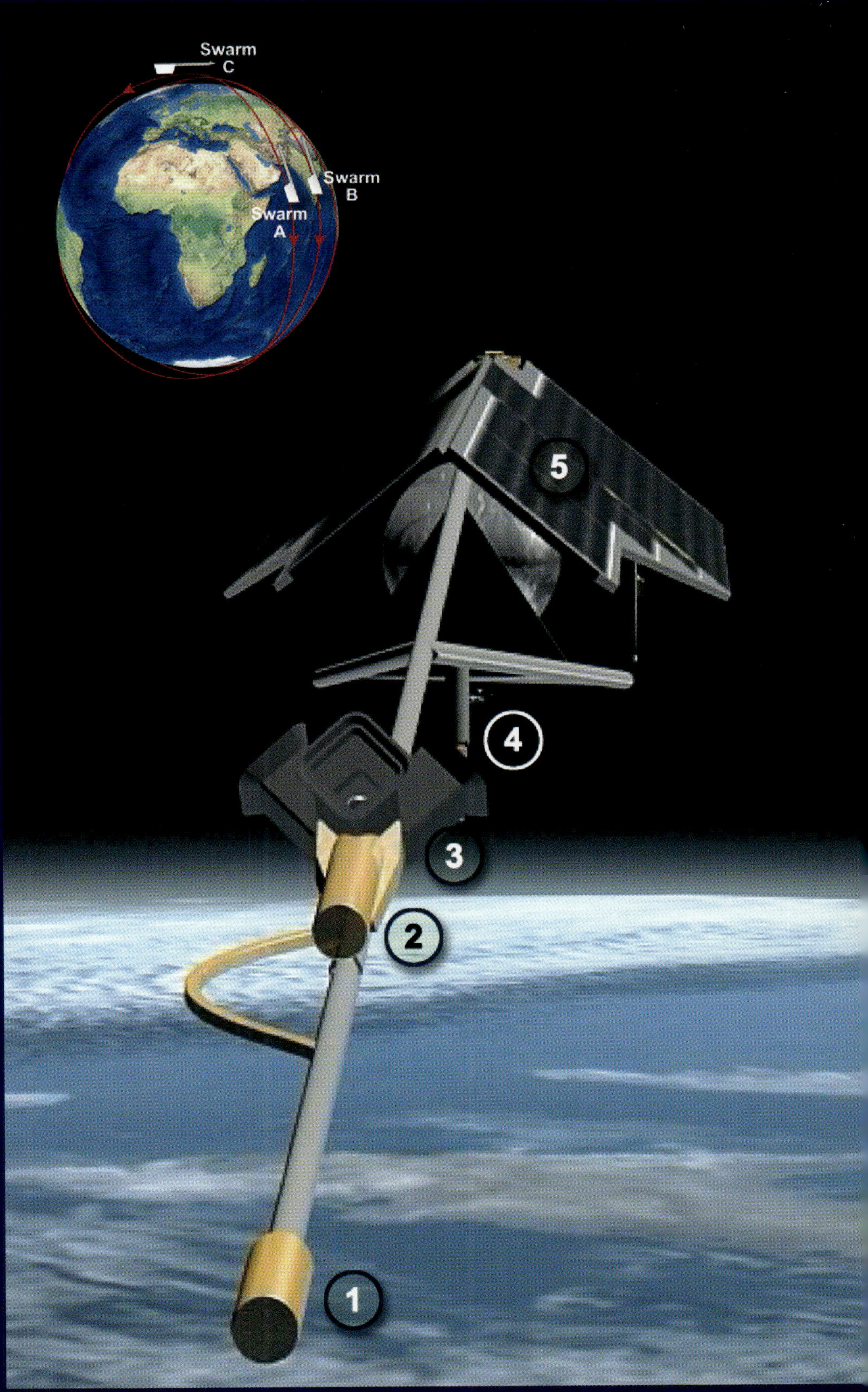

↑ **L'instrumentation de Swarm.**
Chaque satellite dispose d'un magnétomètre absolu CEA/LETI-CNES (1), d'un magnétomètre vectoriel (2) mécaniquement solidaire d'une batterie de trois caméras stellaires (3) (Danish Spacecenter/DTU), d'une sonde électrique (université de Calgary) et d'une sonde de Langmuir (Swedish Space Institute) (4), d'un accéléromètre (Czech Aeronautical Research and Test Institute) situé dans le corps du satellite (recouvert de panneaux solaires) (5).
Le bras permet aux magnétomètres d'être maintenus à distance du corps du satellite pour minimiser les perturbations magnétiques du satellite.

GOCE

Gravity field and steady-state **O**cean **C**irculation **E**xplorer

Mission	ESA
Lancement	Automne 2008 Rockot depuis Plesetsk en Russie
Masse	1 050 kg
Dimensions	5 x 1 m
Orbite	Polaire héliosynchrome à 265 km d'altitude
Durée de mission	Nominale 20 mois

GOCE

La Terre : des bosses et des creux

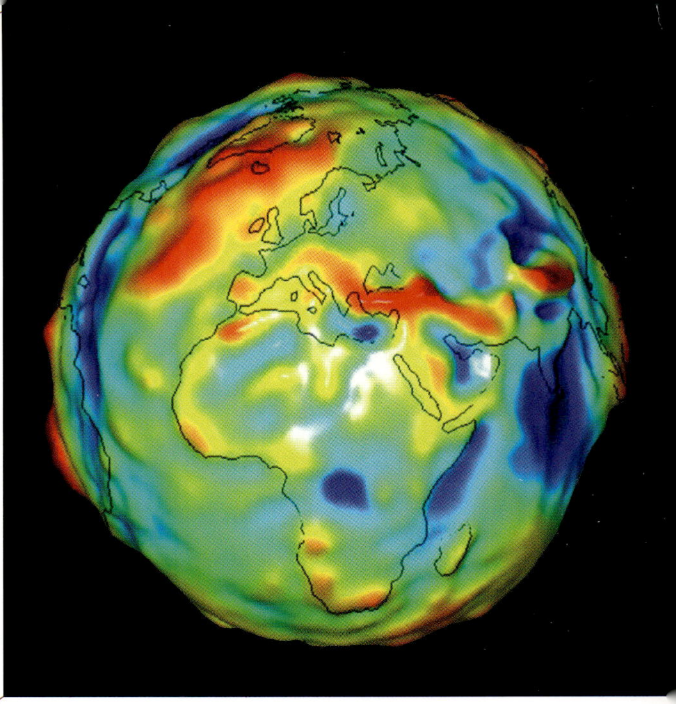

↑ **Variations de la pesanteur sur la Terre.** GOCE améliorera notablement la précision et la résolution de la mesure du géoïde et de la pesanteur terrestre.

Septembre 2008, le satellite GOCE (Gravity field and steady-state Ocean Circulation Explorer) a été mis en orbite par l'ESA. Sa mission est de mesurer globalement la pesanteur terrestre avec une résolution et une précision sans précédent. Bien que l'on sache déterminer les valeurs de la pesanteur depuis le XVIIe siècle, les nombreuses campagnes de mesures menées avec des instruments de plus en plus performants à terre, sur les océans et avec quelques satellites n'ont pas encore permis de fournir les détails des variations de la pesanteur en tout point du globe. GOCE est donc très attendu par de nombreux scientifiques qui s'intéressent à la Terre. En effet, la pesanteur varie d'un point à un autre de la surface terrestre, cela est dû bien sûr à la rotation de la Terre et à sa forme aplatie qui font que la pesanteur est plus faible à l'équateur qu'aux pôles, mais aussi à sa structure. Les hétérogénéités des masses dans le globe terrestre (croûte d'épaisseur variable, bassins sédimentaires, panneaux plongeant dans les subductions, remontées de matériaux mantelliques dans les zones d'accrétion, etc.) créent des variations de la pesanteur à toutes les échelles. GOCE permettra de mesurer précisément les variations de la pesanteur à des échelles aussi petites que 100 kilomètres. Aujourd'hui, les géophysiciens ne disposent pas d'une image détaillée en trois dimensions des densités dans notre globe. À partir des données de la mission GOCE, combinées avec d'autres informations géophysiques, ils pourront enfin y accéder.

Mais les spécialistes de l'intérieur de la Terre ne sont pas les seuls intéressés, c'est aussi le cas des géodésiens et des océanographes. En effet, en mesurant la pesanteur terrestre on peut aussi connaître le géoïde, c'est-à-dire la surface qui correspond au niveau moyen des océans au repos. Si toute la Terre était recouverte d'eau, sa surface serait exactement le géoïde. Ce niveau moyen des océans se prolonge donc sous les continents et sert de référence pour les altitudes : le Mont-Blanc culmine à 4 807 mètres au-dessus du géoïde ! Si la Terre était homogène en densité et immobile, le géoïde serait une sphère ;

homogène en densité et en rotation, le géoïde serait une sphère aplatie. Mais comme la Terre est hétérogène, le géoïde est une surface complexe qu'il faut donc mesurer. Cette surface présente des ondulations, reflets des hétérogénéités de masses en profondeur, dont l'amplitude est au maximum de la centaine de mètres. Connaître précisément le niveau zéro des altitudes est bien évidemment indispensable pour les mesurer. Aujourd'hui, ces altitudes sont obtenues grâce à des mesures longues et délicates effectuées par rapport à un point situé sur le géoïde (en France, c'est le niveau moyen du marégraphe de Marseille). Par ailleurs, on pourra unifier toutes les références des altitudes, aujourd'hui différentes et plus ou moins précises d'un pays à l'autre.

Les océanographes attendent également beaucoup de GOCE. En effet, connaître précisément le géoïde sur les océans leur donnera accès à une bien meilleure connaissance des courants et de la dynamique océanique. En étudiant la position de la surface des océans à un instant donné fournie par les mesures des satellites altimétriques (Jason, etc.) par rapport au géoïde, les océanographes modélisent la circulation océanique et quantifient les transports de masse et d'énergie dans les océans, paramètres importants en climatologie et météorologie. On pourrait encore citer d'autres domaines, comme l'étude des calottes glaciaires, qui bénéficieront des données de GOCE.

GOCE est le premier satellite qui mesure la pesanteur de la Terre à des échelles aussi petites. Pour cela, il a été placé sur une orbite très basse, à 265 kilomètres, et il comporte une charge utile principale très originale et complexe. Il s'agit d'un gradiomètre qui mesure les variations des accélérations dans trois axes orthogonaux grâce à des accéléromètres ultrasensibles construits par l'ONERA (Office national d'études et de recherches aérospatiales). Un récepteur GPS et un réflecteur laser donnent des informations très précises sur l'orbite du satellite et des senseurs d'étoiles sur son attitude. En orbite basse, les forces de frictions atmosphériques doivent être compensées afin que le satellite ne retombe pas trop vite sur la Terre. Pour cela, GOCE est équipé d'un système ionique de compensation de traînée. GOCE est le premier satellite à compensation de traînée utilisé à des fins scientifiques. Mais sa durée de vie sera limitée. GOCE ne permettra donc pas de mesurer les variations dans le temps de la pesanteur à haute résolution spatiale, cela sera, espérons-le, l'objet de futures missions satellitaires qui bénéficieront des apports de cette mission pionnière.

Michel Diament

↑
→ **GOCE dans la salle d'intégration du centre technique de l'ESA à Noordwijk aux Pays-Bas.**

→ **Le géoïde qui correspond au niveau moyen des océans**
présente des ondulations, reflets de la répartition des masses du système Terre. C'est la surface par rapport à laquelle les géodésiens déterminent les altitudes sur les continents et les océanographes la surface des océans.

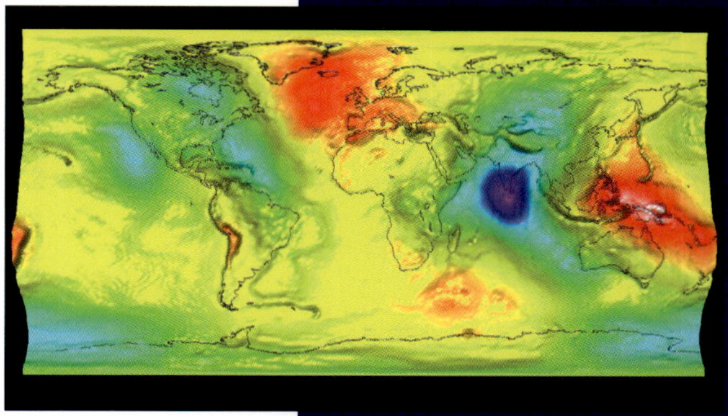

→ **Exemple de carte des anomalies de la pesanteur, ici au-dessus des Alpes.**
Cette carte, obtenue à partir de mesures effectuées au sol et en avion, reflète les hétérogénéités de la structure interne du globe sous les Alpes et en particulier la présence de zones moins denses liées à des épaississements de la croûte terrestre.
GOCE cartographiera la pesanteur sur l'ensemble du globe.

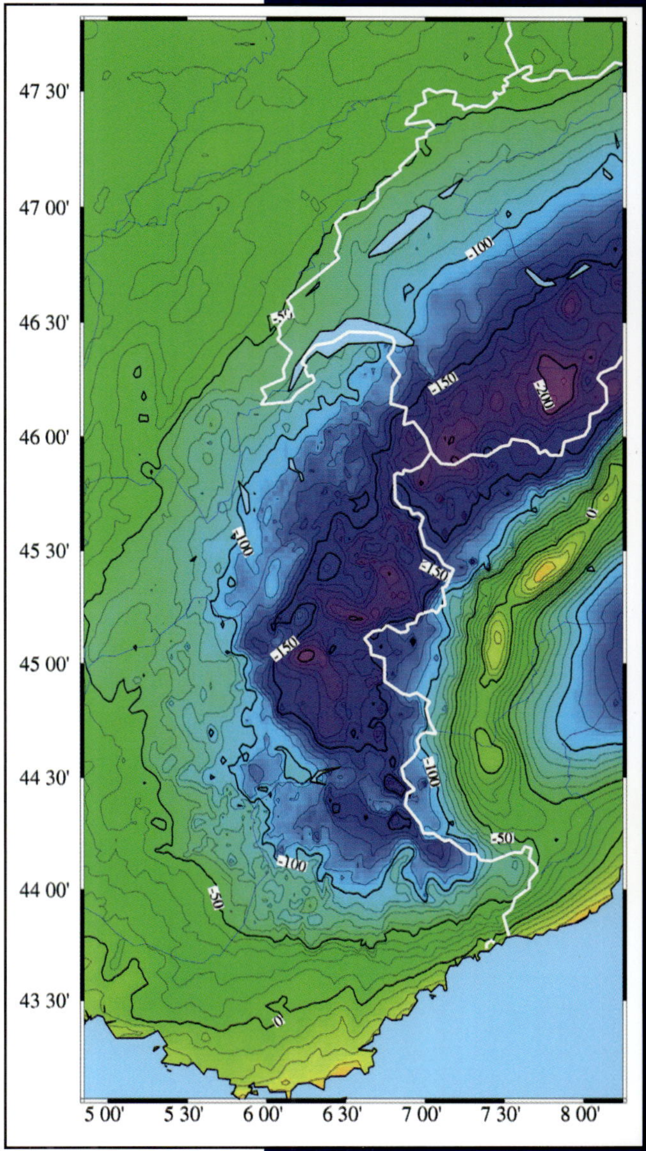

(d'après Masson et coll., C.R. Acad. Sci. Paris, 39, 865-871, 1999).

SPOT PLÉIADES

Les arpenteurs de la Terre

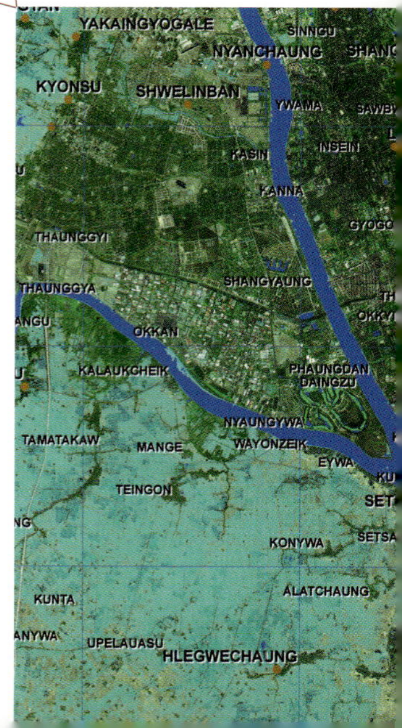

SPOT 5

Successeur de SPOT 1 en 1986, SPOT 2 en 1990, SPOT 3 en 1993 et SPOT 4 en 1998

Mission	CNES
Lancement	3 mai 2002, par Ariane 4 depuis la base de Kourou en Guyane
Masse	3 000 kg
Dimensions	3,1 x 3,1 x 5,7 m
Orbite	Polaire héliosynchrone à 822 km d'altitude
Durée de mission	Nominale 5 ans, toujours en service

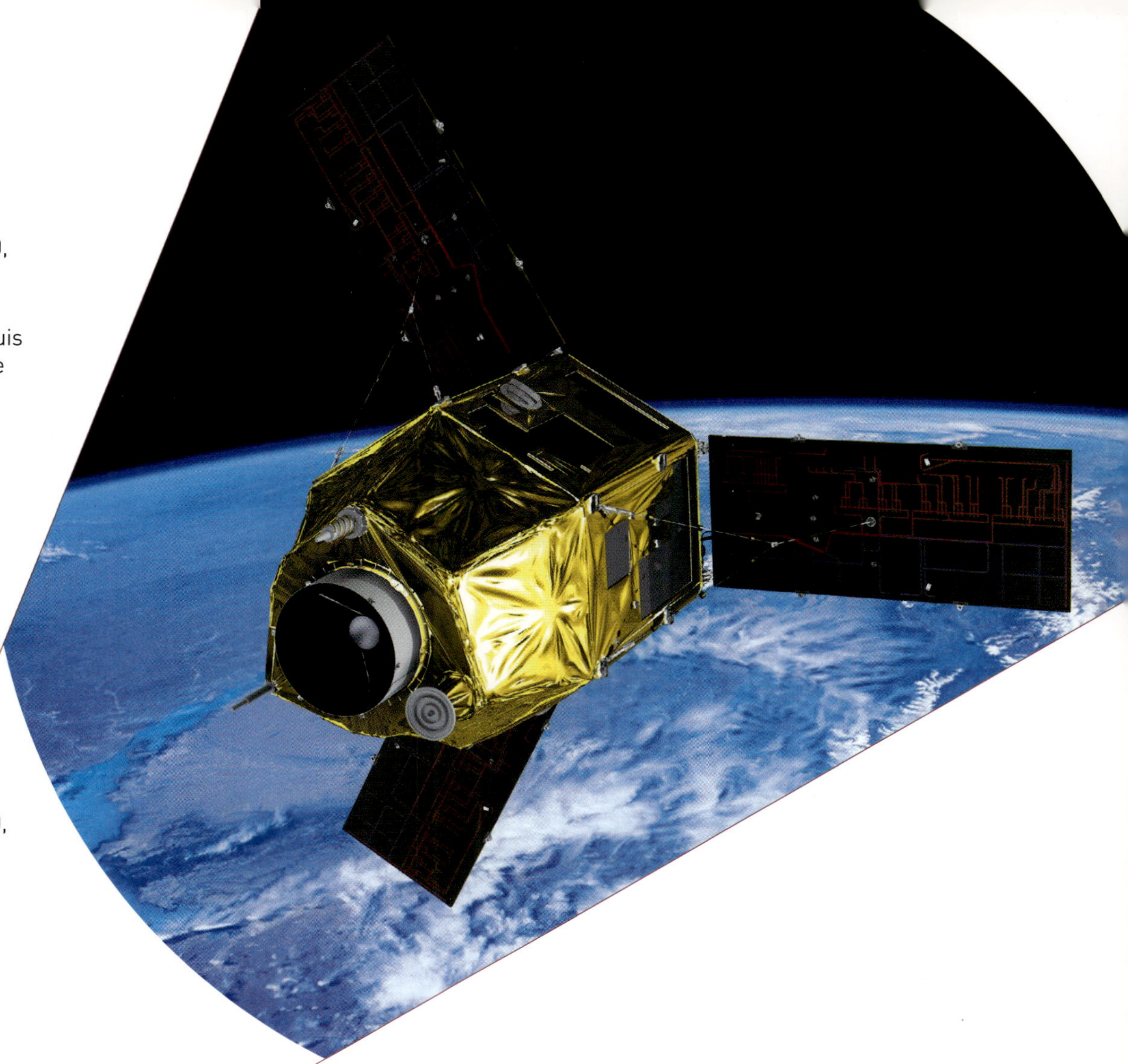

Pléiades

Composante française de la mission franco-italienne ORFEO (Optical and Radar Federated Earth Observation)

Lancement	Premier satellite début 2010, second début 2011 par Soyouz depuis Kourou en Guyane
Masse	1 000 kg
Dimensions	1,7 x 3,2 x 6,6 m panneaux solaires compris
Orbite	Polaire héliosynchrone à 694 km d'altitude
Durée de mission	Nominale 5 ans

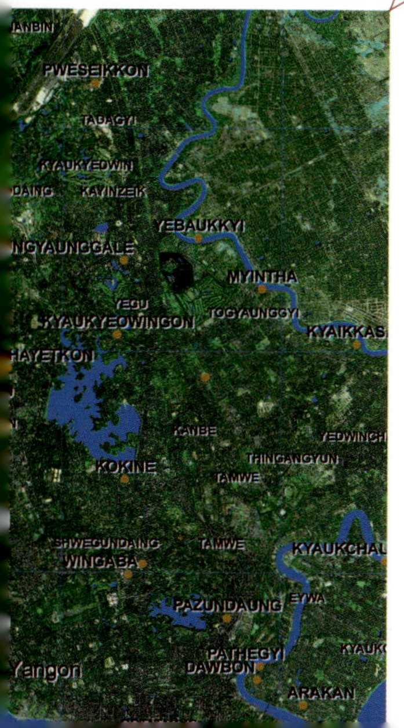

↙ **Charte internationale : les satellites en alerte.** Les pays touchés par une catastrophe naturelle peuvent demander l'aide des agences spatiales : il s'agit d'activer sur la région concernée tous leurs satellites d'observation. Ici l'exemple de Yangon en Birmanie après le passage du typhon Nargis, le 7 mars 2008. Cette carte a été réalisée à partir d'une image SPOT 5 montrant la région avant la catastrophe, sur laquelle a été superposée une image de Radarsat 2 (Canada) faite le 2 mai, elle permet de mettre en évidence, en vert clair, les zones touchées par les inondations provoquées par Nargis.

Dès les années 1970, le CNES proposait au gouvernement français de faire de l'observation de la Terre une des priorités du programme spatial français. Des satellites américains tel Landsat et les commentaires faits par tous les astronautes de retour de l'espace avaient permis de faire découvrir aux terriens tous les avantages d'observer, depuis l'espace, leur planète. Jusqu'à l'avènement de l'ère spatiale, tous ceux qui souhaitaient étudier ou obtenir des informations sur un territoire donné faisaient appel à des observations (mesures ou prises d'images aériennes) locales, à des fréquences insuffisantes et difficilement comparables, car souvent faites dans des conditions différentes (conditions météo, position du Soleil...). Le satellite, placé sur une orbite choisie, peut observer l'ensemble du globe, dans les mêmes conditions, dans des longueurs d'onde adaptées aux thèmes étudiés, pendant de très longues périodes. Grâce aux fantastiques progrès des outils informatiques, des méthodes de traitement et des modèles, les spécialistes peuvent avec la précision, la fréquence et la couverture géographique souhaitées extraire toutes les informations dont ils ont besoin.

Des groupes de travail composés de scientifiques, de représentants des secteurs d'activités utilisateurs d'informations géographiques précisèrent auprès du CNES leurs besoins prioritaires en matière, par exemple, de cartographie, d'aménagement du territoire, de suivi des ressources végétales ou de l'impact des activités humaines. Les ingénieurs sont partis de ces besoins pour imaginer le projet spatial.

C'est ainsi qu'en 1978 le programme SPOT (Satellite pour observer la Terre) fut décidé. Deux pays, la Belgique et la Suède, souhaitèrent s'associer à la France pour la réalisation de ce projet ambitieux et innovant. En effet, les trois premiers satellites SPOT, lancés respectivement en 1986, 1990 et 1993, présentaient des caractéristiques qui permirent de le qualifier de système civil le plus performant de sa génération. Chaque SPOT est doté de deux instruments haute résolution visible (HRV). Chacun, constitué d'un gros télescope (250 kg, 2,50 mètres de hauteur), permet d'obtenir, sur des bandes de terrain de 60 kilomètres, une résolution de 10 ou 20 mètres selon le mode spectral (longueurs d'onde dans le visible ou le proche infrarouge). Depuis le sol, il est possible de télécommander un mouvement latéral du miroir et ainsi observer plus fréquemment une zone particulière ou obtenir un couple de vues stéréoscopiques pour restituer le relief. SPOT 4, lancé en 1998, comportait deux innovations : d'une part, une bande spectrale dans le moyen infrarouge pour distinguer différents types de végétation, d'autre part, un nouvel instrument, Végétation. Complémentaire du HRV, il permet de couvrir chaque jour l'ensemble du globe avec une résolution de 1 kilomètre. Les spécialistes disposent d'informations sur la couverture végétale globale et son évolution au cours de l'année. De nouvelles avancées technologiques permirent plusieurs améliorations de SPOT 5, lancé en 2002. Tout en gardant des caractéristiques dans la continuité de celles de ces prédécesseurs, il est doté de deux instruments haute résolution géométrique permettant une résolution de 5 mètres qui, avec un traitement sophistiqué, peut atteindre 2,5 mètres. Un nouvel instrument haute résolution stéréoscopique permet de faire quasi simultanément des couples stéréoscopiques destinés à réaliser des modèles numériques de terrain.

Depuis 1986, les satellites SPOT ont permis de constituer une fantastique base de données, plusieurs millions d'images, couvrant l'ensemble des terres émergées y compris les zones polaires. Commercialisées, à l'échelle mondiale, par SPOT Image, implanté à Toulouse, ces données sont utilisées systématiquement par des organismes publics nationaux, européens ou internationaux ou des sociétés privées pour la réalisation et la mise à jour de leurs propres bases de données dans des domaines variés : les schémas directeurs d'aménagement, la protection de l'environnement, le développement économique ou le contrôle de réglementations…

Pléiades prendra la suite de SPOT en 2010. Il bénéficiera d'évolutions majeures dans le domaine technique, la mise en œuvre de la dualité civile et militaire et la coopération européenne. Avec une masse de 1 tonne contre 3 pour SPOT 5, Pléiades aura des performances améliorées : une résolution de 0,70 mètre et la possibilité journalière d'observer n'importe quel point du monde. La Défense française avait décidé de se doter d'une filière distincte de SPOT, avec les satellites Hélios. Les caractéristiques de Pléiades correspondant aux besoins civils et militaires, c'est au niveau des chaînes de réception et de traitement des données que la différence se fait. Les deux satellites Pléiades disposeront d'instruments optiques hautement performants. Pour beaucoup d'utilisations, il faut disposer de données fournies par d'autres types d'instruments tels que le radar. Pour cette raison l'Italie et la France ont décidé de réaliser ensemble le système dual ORFEO, la France réalisant la composante optique, Pléiades et l'Italie la composante radar, Cosmo Skymed. Dans le cadre de cette coopération, la partie civile est gérée par le CNES et l'Agence spatiale italienne, et la partie militaire par les ministères de la Défense des deux pays.

Au fil des années, l'image satellite est devenue de plus en plus performante et peut ainsi répondre aux nouveaux besoins civils ou militaires. Le citoyen, grâce à Google Earth, découvre toutes les possibilités des techniques spatiales. L'accès à ces images venues de l'espace permet une prise de conscience : les satellites sont devenus des outils incontournables pour faire face aux nouveaux enjeux planétaires.

Benoît Boissin

↑ **Ile de la Réunion,** vue par le satellite SPOT 5 les 6 juillet 2002 et 23 juillet 2003 (mosaïque de deux images).

↑ **Simulation d'une prise de vue Pléiades sur la ville de Toulouse.**

→ **La baie de Lützow-Holm en Antarctique,** vue par le satellite SPOT 5.

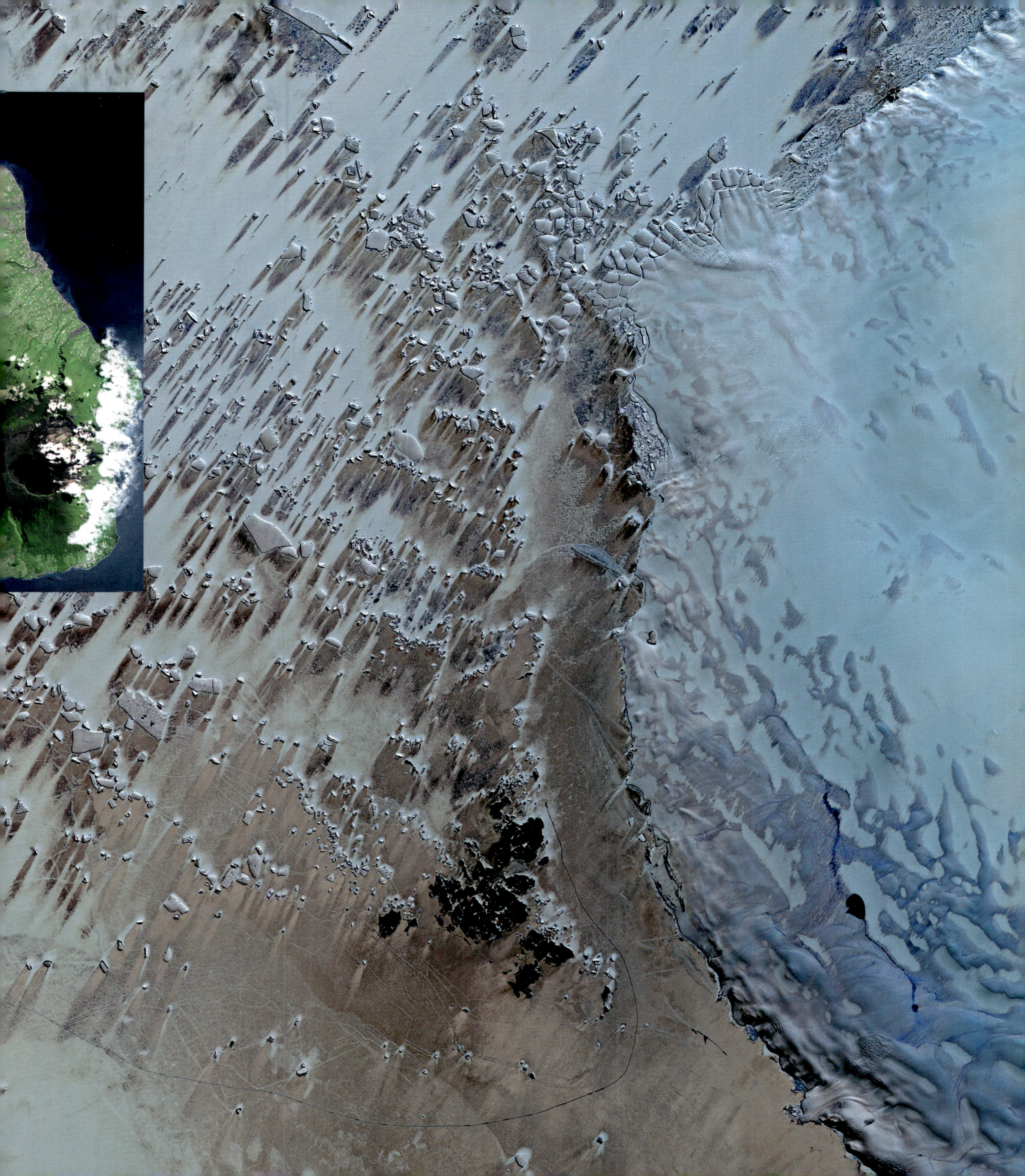

L'Amérique du Sud,
vue par l'instrument Végétation embarqué sur le satellite d'observation de la Terre, SPOT 4.

Regards de

Philippe Munier,
directeur général adjoint de SPOT Image

Polytechnicien et géographe, Philippe Munier, aujourd'hui directeur général adjoint de SPOT Image, a débuté sa carrière dans la prestigieuse École nationale des sciences géographiques, rattachée à l'Institut géographique national (IGN). Dans les années 1970, le CNES élabore un projet ambitieux : lancer le premier satellite d'observation de technologie française qui puisse rivaliser avec les satellites Landsat ou ERS. L'IGN se rallie rapidement à l'entreprise. L'aventure SPOT démarre, et Philippe Munier fait ses premières armes sur ce beau projet « avec ma carte de géographe », précise-t-il. « À côté des spécialistes du CNES, informaticiens, thermiciens, physiciens, etc., les géographes faisaient entrer dans la recherche spatiale le germe de l'utilisation. C'était donc une approche pluridisciplinaire intéressante. » Autre innovation : la technologie. Les équipes françaises équipent le satellite d'une barrette de détecteurs optoélectriques, une technologie issue des photocopieurs ! Pari gagné, ce système facilite les prises de vues et permet d'obtenir une image d'une résolution de 10 mètres, ce qui constitue une bonne alternative à la photographie aérienne utilisée à l'époque en cartographie. Deuxième pari, le modèle économique de SPOT. Le CNES parvient à convaincre sa tutelle qu'il faut créer une filiale, un opérateur commercial exclusif capable de développer cette filière de l'observation satellite pour en faire un modèle économiquement viable. « L'idée fondatrice était que la filière d'observation allait se développer et permettrait à terme d'alimenter l'investissement des nouveaux satellites. C'est dans cet esprit qu'ont été financés les trois premiers SPOT. Cependant, les bénéfices dégagés ne suffisaient pas à couvrir les capacités d'investissement des nouveaux satellites. » Dans les années 1990, la pérennité du programme a bien failli être remise en question, et les investissements ont été reportés et décalés de deux ans.

Les géographes faisaient entrer dans la recherche spatiale le germe de l'utilisation

Or, « tout retard technologique dans ce domaine se paye. Résultat à la fin de la décennie, alors qu'on aurait dû avoir une résolution de 2,5 mètres, on avait toujours une résolution de 10 mètres. Et ceci dans un contexte où les choses bougeaient côté américain avec la directive de Clinton de 1994 qui avait fait passer l'image haute résolution (1 mètre) dans le domaine civil. À ce moment-là, la technologie SPOT s'est un peu retrouvée dépassée. Cette situation a fortement secoué le landerneau spatial français qui s'est alors fortement mobilisé sur la question », se souvient Philippe Munier. Résultat : SPOT 5, lancé en 2002, propose une solution alternative : une résolution allant jusqu'à 2,5 mètres qui permet une observation plus adaptée à la cartographie et à l'observation environnementale que la résolution d'1 mètre parfaite pour le renseignement. SPOT Image occupe aujourd'hui une place particulière sur ce marché des données spatiales et enregistre de beaux succès malgré la politique de gratuité de certains de ses concurrents internationaux.
SPOT se différencie en répondant à des besoins précis en cartographie de petite échelle : surveillance de la croissance urbaine, gestion des récoltes, de l'eau, des ressources forestières, etc. « Dans un monde où les données satellites ont été banalisées par Google Earth, il s'agit aussi de proposer à la fois des services et des modes de valorisation de ces données encore sous-exploitées. » D'où l'importance de continuer à développer des satellites hautement performants capables de proposer des données à haute valeur ajoutée. C'est à cette condition que la commercialisation de l'image satellite pourra être économiquement viable !

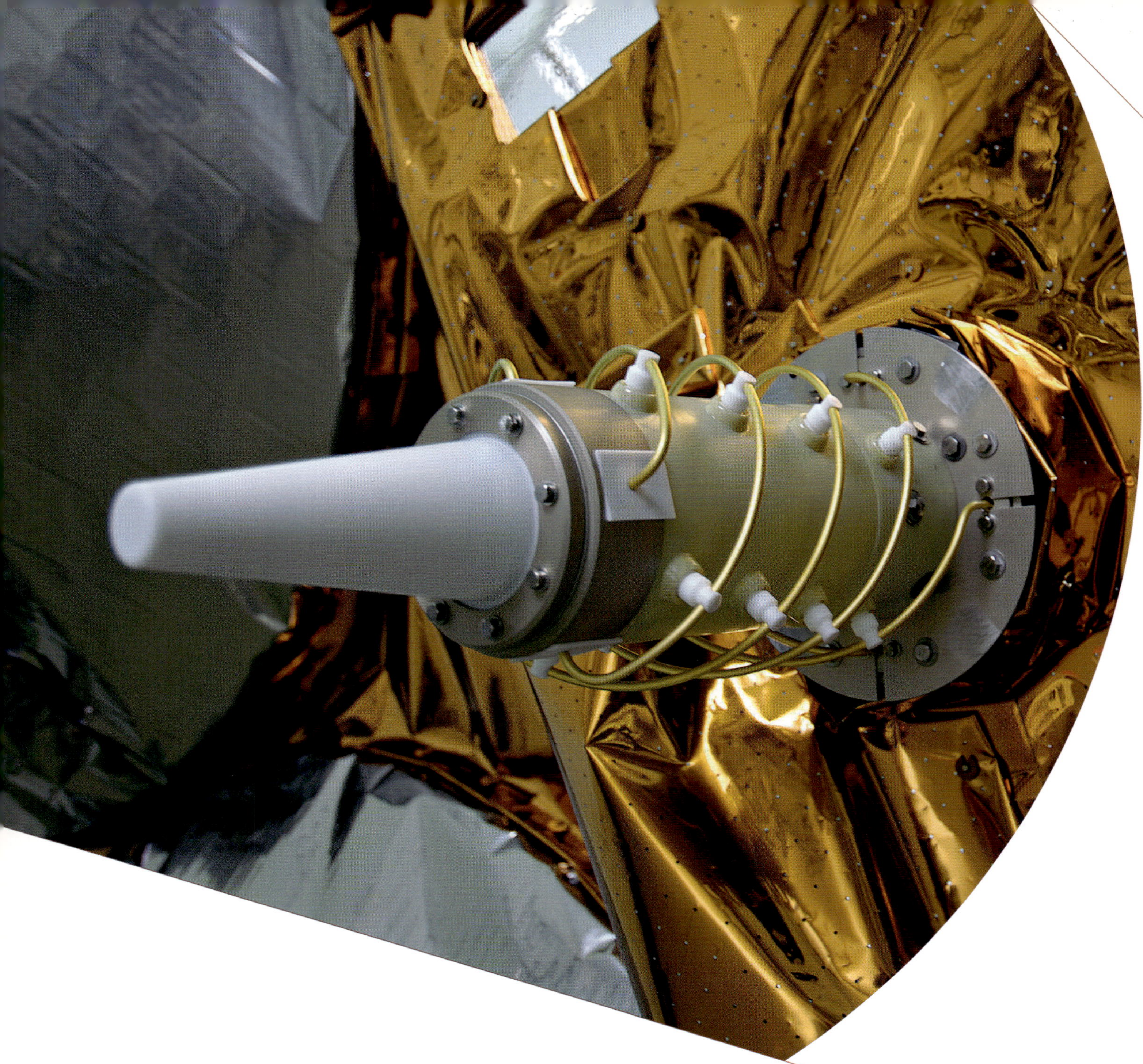

Pour mener à bien leur mission, des satellites emportent à leur bord des instruments complémentaires destinés à faire des mesures indispensables pour que celles faites par les instruments principaux soient plus précises. Ils s'appuient également sur des équipements implantés en différents points sur la Terre. DORIS est l'un d'eux.

Le système DORIS (Détermination d'orbite et radiopositionnement intégrés par satellite) a été conçu au début des années 1980 par le Centre national d'études spatiales, le Groupe de recherches en géodésie spatiale et l'Institut géographique national pour répondre au besoin des nouvelles missions d'observation des océans. Le but de ces missions est de surveiller sur le long terme le niveau des océans. Elles embarquent un radar altimètre très précis qui mesure la distance entre la surface de l'eau et le satellite. Pour connaître le niveau de l'océan par rapport à une référence terrestre, il faut connaître sa position de manière très précise par rapport à cette même référence terrestre. C'est le rôle du système DORIS.

DORIS

Détermination d'**O**rbite
et de **R**adiopositionnement **I**ntégrés
par **S**atellite

Instrument CNES en collaboration avec l'Institut géographique national et le Groupement de recherche en géodésie spatiale
passager des satellites SPOT 2, 3, 4 et 5, Envisat et Jason 1 et 2. Embarquement prévu à bord de Cryosat 2, HY2, ALTIKA et Pléiades 1 et 2

DORIS Un référentiel pour la Terre

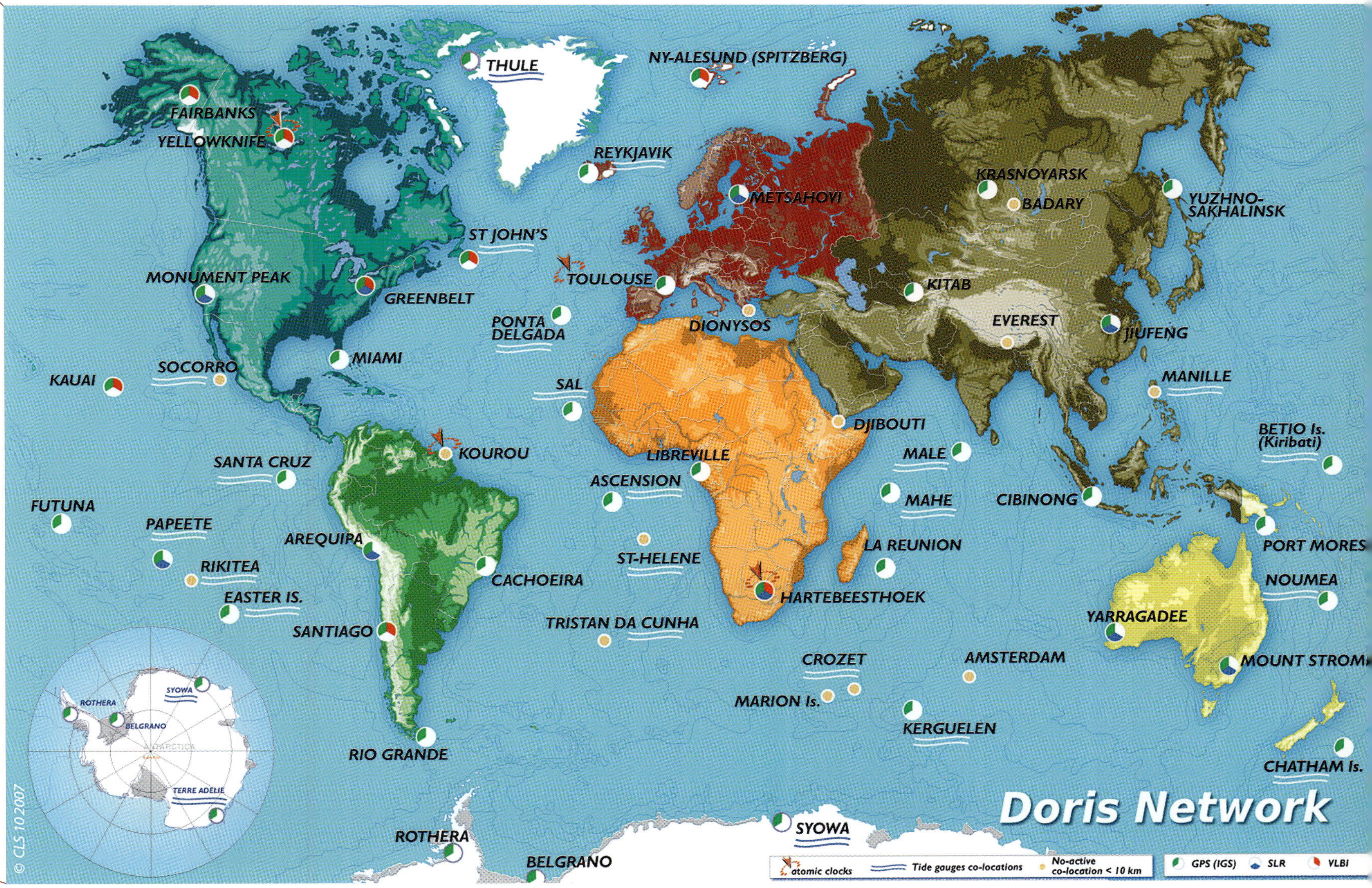

↑ Localisation des balises émettrices du réseau terrestre DORIS destiné à connaître la vitesse du satellite.

En théorie, c'est très simple : nous avons tous vu passer une voiture ou un train qui klaxonne. Le son entendu est plus aigu lorsque le véhicule se rapproche et plus grave lorsqu'il s'éloigne. C'est le même phénomène de variation de la fréquence en fonction de la vitesse, appelé effet Doppler, qu'utilise DORIS.

Une soixantaine d'émetteurs radio, appelés balises, sont répartis à la surface de la Terre. Les récepteurs DORIS embarqués à bord des satellites reçoivent les signaux émis décalés en fréquence à cause de la vitesse du satellite (environ 7 km/s). En mesurant ce décalage de fréquence, le récepteur DORIS peut connaître la vitesse du satellite par rapport aux balises survolées. En accumulant ces informations et en les comparant à la « route » que le satellite est censé suivre (modèle d'orbite), on peut en déduire sa position.

En pratique, cela se complique un peu car :

- les particules chargées présentes dans la haute atmosphère perturbent le signal radio émis par les balises. Pour pallier ce problème, DORIS utilise deux fréquences différentes, ce qui permet de discriminer cet effet indésirable ;
- le signal émis par les balises rencontre aussi sur sa route les molécules des différents constituants de l'atmosphère, en particulier la vapeur d'eau, ce qui est de nature à modifier le trajet du signal. Il faut donc apporter une correction qui tient compte des caractéristiques de l'atmosphère traversée. C'est pourquoi les balises DORIS sont équipées de capteurs de température, de pression et d'humidité dont les informations sont transmises au récepteur ;
- les horloges qui servent de référence, d'une part à la balise, pour émettre les signaux, et d'autre part au récepteur pour mesurer le décalage en fréquence, ne sont pas parfaites et sont sources d'erreur de mesure ;
- et puis il y a les « cahots » de l'orbite. Les forces qui agissent sur la trajectoire du satellite ne sont pas parfaitement connues. La principale est la gravitation terrestre mais elle n'est pas uniforme, et la Lune et le Soleil attirent aussi un peu le satellite. À l'altitude de son orbite (environ 1 000 kilomètres), il reste encore des molécules qui le freinent, il y a des photons qui le poussent, quelques particules (heureusement rares) qui le percutent, et parfois on active ses moteurs (on appelle cela des manœuvres) pour éviter qu'il ne finisse par nous tomber sur la tête ;

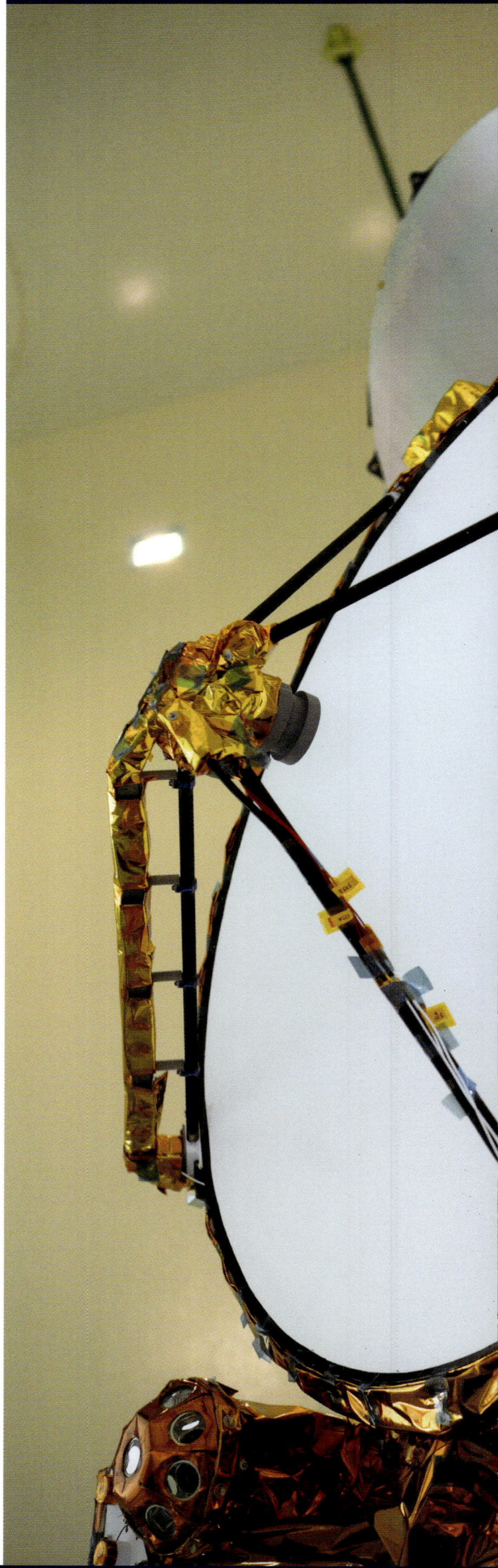

• enfin, les balises au sol DORIS, qui sont les points d'appui du système en orbite, suivent les mouvements de l'écorce terrestre (environ quelques centimètres par an) et le centre de gravité de la Terre évolue lui-même au gré des saisons dans un cube de 1 centimètre d'arrête.

En résumé, d'une part les mesures sont entachées d'erreurs, et c'est d'ailleurs la raison pour laquelle on les assimile dans des modèles pour les « filtrer » ; d'autre part ces filtres sont délicats à définir : si le filtre est trop serré, rien ne passe, si les trous sont trop gros, des erreurs demeurent.

Le système DORIS a su relever ce défi pour produire de manière opérationnelle un positionnement de l'ordre du centimètre.

Le premier instrument DORIS a été lancé à bord du satellite d'observation SPOT 2 en 1990. C'était le premier test du système « en vrai ». Ensuite, DORIS a contribué au succès de la mission franco-américaine d'observation des océans Topex-Poséidon, lancée en 1992. Depuis, DORIS constitue le système d'orbitographie précise de référence des missions d'altimétrie comme Jason, Envisat et Cryosat (ESA), ALTIKA-SARAL (France-Inde), HY2 (Chine).

Grâce à ses capacités exceptionnelles de positionnement en temps réel, DORIS est utilisé sur tous les satellites d'observation de la Terre, SPOT ainsi que Pléiades. La position de ces satellites calculée à bord en temps réel par DORIS est associée aux images transmises au sol, ce qui permet de les traiter de façon rapide et économique en évitant de recourir à des points d'appui au sol.

Sur les satellites Pléiades et Cryosat, les capacités temps réel de DORIS, dont la fiabilité a été démontrée, seront également utilisées pour le pilotage du satellite lui-même.

Sur les missions altimétriques, Jason 2 et ALTIKA, les informations DORIS temps réel sont interprétées par le radar altimètre, ce qui lui permet de gagner du temps pour « retrouver » la surface de l'eau, lors du survol d'une transition terre-eau. Ceci permet d'accéder à de nouvelles zones d'intérêt : les zones côtières, les lacs et les fleuves dont les données sont primordiales pour comprendre le cycle de l'eau.

Sur les missions altimétriques encore, DORIS fournit son signal d'horloge de référence contrôlé au radar altimètre, ce qui évite de prendre une simple dérive de fréquence de l'horloge pour une montée alarmante des eaux.

Enfin, grâce à son caractère centralisé (toutes les mesures réalisées par les instruments en orbite sont collectées par le centre de mission DORIS à Toulouse, pour être diffusées aux utilisateurs via l'International DORIS Service) et à sa pérennité, DORIS permet de surveiller sur de longues périodes les mouvements des balises au sol, qu'ils soient d'origine globale (dérive des continents) ou locale (activité géophysique ou humaine). DORIS contribue donc efficacement au maintien d'un système de référence mondial stable et précis (International Terrestrial Reference Frame) indispensable à l'appréciation des évolutions du niveau des mers ou des glaces.

Ses multiples applications, sa précision, ses performances temps réel, sa fiabilité font de DORIS un système pérenne à vocation plurielle et un contributeur essentiel à la surveillance de notre planète et de son environnement.

Albert Auriol

↖ ← **L'antenne de DORIS** sur le satellite Jason 2 dans la salle d'intégration de Thales Alenia Space à Cannes.

Jason 2

Successeur de Topex-Poséidon (1992) et Jason 1 (2001)

Mission	CNES/NASA/EUMETSAT/NOAA s'inscrivant dans le cadre de OSTM (Ocean Surface Topography Mission)
Lancement	20 juin 2008 par Delta 2 depuis Vandenberg aux États-Unis
Masse	505 kg
Dimensions	3,7 x 1 x 1 m, les panneaux solaires ont une envergure de 9,70 m
Orbite	Polaire à 1 336 km d'altitude
Durée de mission	Nominale 5 ans. Prévu également pour fonctionner 3 ans, Topex-Poséidon a fourni des données pendant 13 ans et Jason 1 fonctionne toujours

C'est en août **1992**, après dix ans d'une intense collaboration entre le CNES et la NASA, les deux partenaires de cette aventure captivante, que le satellite Topex-Poséidon, bien à l'abri dans la coiffe du lanceur européen Ariane, s'envola de Kourou. Sitôt en orbite, à 1 336 kilomètres d'altitude, balayant le globe jusqu'à 66° de latitude nord et sud à raison d'un tour de la Terre toutes les deux heures, revisitant les mêmes traces au sol tous les dix jours, Topex-Poséidon déploya ses panneaux solaires pour mettre en route les instruments emportés. Le premier est un radar altimètre chargé de mesurer très précisément la distance le séparant de la surface terrestre, en fait la surface des mers, car elles occupent les deux tiers de la surface de la Terre. Le second est constitué de systèmes de positionnement ultraprécis, dont le système DORIS développé par le CNES, qui permettent de connaître très précisément la position et l'altitude du satellite. Ces deux mesures, combinées à des mesures annexes correctives, sont les éléments essentiels d'une boucle vertueuse permettant de connaître à tout instant et sur tout le globe le niveau des mers et des grandes étendues d'eau, et ce avec une précision centimétrique. Ce qui n'était qu'un rêve pour les océanographes quelques années auparavant

DE TOPEX-POSÉIDON À JASON

Océans sous surveillance

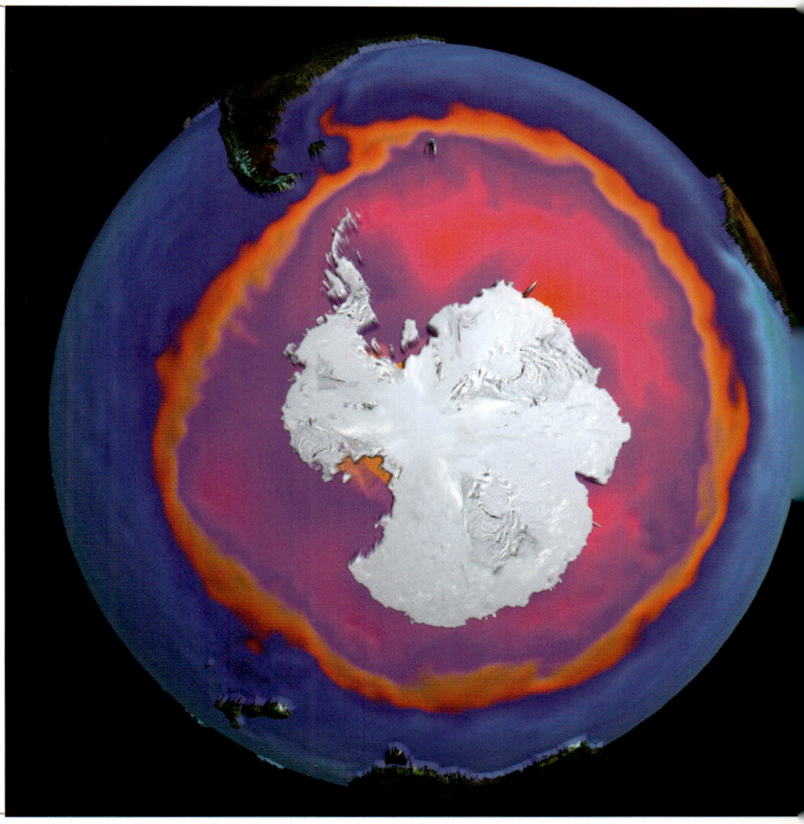

↑ **Les grands courants océaniques,** ici le courant circumpolaire antarctique (en orange), sont visibles par des différences de hauteur dans le relief moyen mesuré par les satellites altimétriques sur plusieurs années.

devenait réalité, repoussant toujours plus loin les limites de la recherche océanographique telles qu'elles étaient imposées jusqu'alors par la qualité inégale et la faible dispersion géographique des mesures réalisées par des bateaux ou des bouées. Pourquoi le niveau de la mer est-il un paramètre si important aux yeux des océanographes physiciens ? En fait, la topographie de surface de la mer est le reflet de bon nombre de phénomènes océaniques qui ont une influence capitale sur notre environnement : la marée, les variations d'intensité et de direction des courants et des tourbillons voisins qui transportent la chaleur de l'équateur vers les pôles, la dilatation des masses d'eau sous l'effet du réchauffement global et du cycle saisonnier, la naissance et le transit d'est en ouest de trains d'ondes poussées par les alizés sont autant de phénomènes qui déforment de plusieurs centimètres la surface de la mer, sur des distances de quelques kilomètres à plusieurs centaines de kilomètres. Observer, mesurer le niveau de la mer permet ainsi, avec l'aide de mesures complémentaires, de décrypter la « machine océan » et de mieux comprendre son impact sur l'environnement et dans le système climatique. Quelques semaines seulement après le lancement, l'exploitation des premières mesures donnait une vision inattendue et spectaculaire de l'océan : on découvrait un océan très turbulent avec sa multitude de tourbillons de quelques dizaines de kilomètres de diamètre se détachant des grands courants pour traverser les bassins océaniques, un océan changeant au fil des saisons et de la chaleur stockée dans les masses d'eau superficielles, un océan sensible à l'attraction des astres, visible en surface avec des marées de plusieurs mètres par endroits, mais également en profondeur avec la génération, au contact du relief sous-marin, d'ondes internes de marée jamais observées jusqu'alors. Enfin, il donnait une vue globale sur le déclenchement et la propagation des événements au fort impact climatique, El Niño et La Niña sur le Pacifique, les oscillations nord-sud pluriannuelles, en phase avec les déplacements des grandes structures cycloniques et anticycloniques atmosphériques au-dessus des océans Pacifique et Atlantique. Par ailleurs, Topex-Poséidon confirmait l'élévation moyenne du niveau des mers de 2 à 3 millimètres par an, conséquence du réchauffement global, et permettait de cartographier la topographie des calottes polaires, de mesurer le niveau des grands lacs. Ces premiers résultats et les avancées scientifiques majeures qui s'ensuivirent allaient très rapidement convaincre tous les acteurs de la nécessité de poursuivre cette aventure. Jason 1, petit frère de Topex-Poséidon, fut lancé en décembre 2001, depuis la base américaine de Vandenberg. Une fois positionné sur la même orbite, et après vérification du bon fonctionnement des instruments bord, Jason 1 prit la suite de Topex-Poséidon. Il est important d'assurer la continuité des mesures altimétriques pour avoir une vue la plus exhaustive possible de l'ensemble des phénomènes océaniques qui s'étalent sur des échelles de temps de quelques heures (cyclones, tsunamis, etc.) jusqu'à plusieurs dizaines d'années (variations séculaires) et comprendre leurs interactions respectives. Quel est l'impact des cycles saisonniers, du réchauffement global sur l'activité tourbillonnaire, sur la fréquence des cyclones, des événements El Niño, ce sont autant de questions primordiales à résoudre pour mieux modéliser et prévoir l'océan, pour mieux comprendre son rôle dans le cycle de l'eau. D'autre part, il faut assurer la continuité du service, puisque l'on est passé aujourd'hui au stade de l'océanographie opérationnelle qui permet, par exemple, des prévisions à dix jours des changements océaniques à partir d'un modèle d'océan « nourri » en continu avec les produits altimétriques « niveau de la mer ».

Au-delà de la poursuite des missions d'altimétrie conventionnelle sur les océans (Jason 3, ALTIKA à l'horizon 2010, etc.), un nouveau défi technologique et scientifique se profile à l'horizon 2015, celui de l'altimétrie radar à large fauchée, qui permettra d'échantillonner l'océan et les eaux continentales avec une meilleure précision (quelques kilomètres), donnant accès à de nouvelles applications sur les terres (suivi du niveau et de l'étendue des lacs, des fleuves, etc.) et sur les océans (circulation côtière, suivi de cyclones, etc.). La mission SWOT, proposée par le CNES et la NASA, devrait répondre à ce besoin. Elle fournira en temps quasi réel une vision 2D haute résolution de l'océan et des eaux continentales (vitesse des courants, débit des fleuves, etc.), des observations essentielles pour étudier le cycle de l'eau et les interactions entre l'océan et les eaux continentales. La prévision océanique et, à terme, la prévision du climat vont aussi bénéficier de cette nouvelle mission, offrant des perspectives de prévision, en particulier dans la bande côtière où les enjeux économiques sont importants pour la navigation, l'aménagement du littoral, la pêche, la prospection des ressources, etc. L'aventure entamée dans les années 1980 va donc se continuer, laissant présager de nouvelles découvertes et avancées scientifiques majeures.

Yves Ménard

↑ 20 juin 2008 : Jason 2, arrivé sur son orbite, quitte son lanceur Delta.
Ces images extraordinaires obtenues grâce à une caméra embarquée sur le dernier étage du Delta, montrent l'éloignement du satellite.

→ **Les grands courants tournent autour des reliefs de l'océan,** dans un sens, autour des surélévations, dans l'autre, autour des creux (le sens étant inversé entre les hémisphères sud et nord).

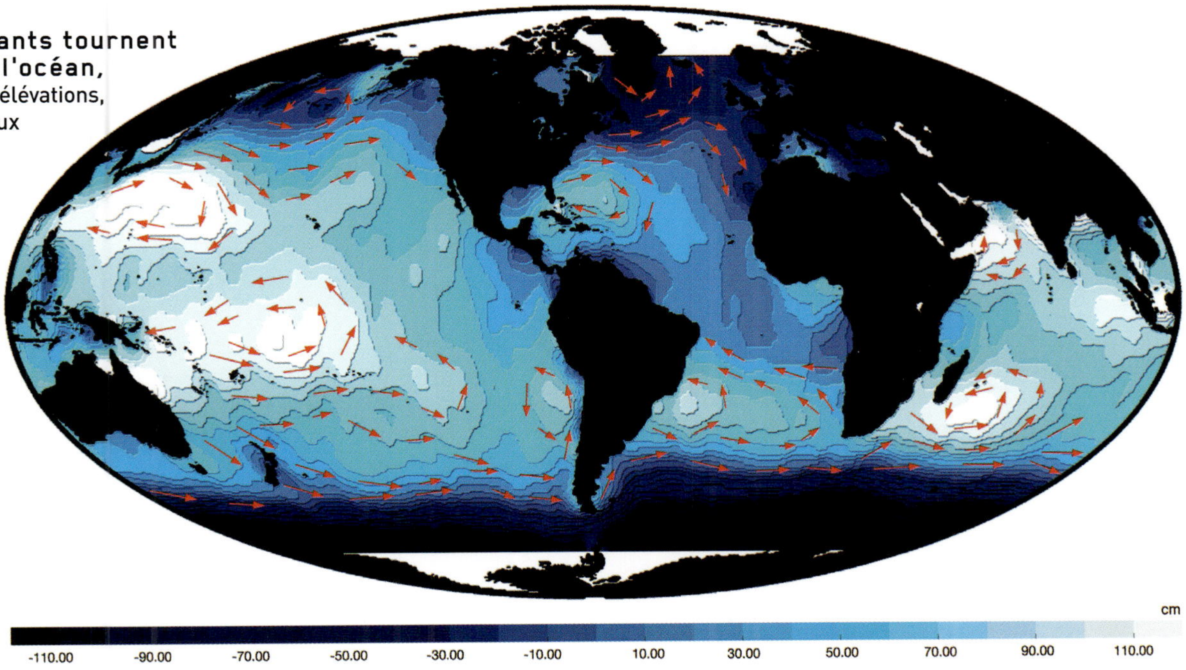

→ **Mer d'Aral vue par l'instrument MODIS à bord du satellite américain TERRA.**
La mer d'Aral a vu son niveau baisser depuis les années 1960, en raison de la grande quantité d'eau prélevée en amont dans les deux fleuves qui l'alimentent pour l'irrigation. À tel point que les côtes ont reculé de plus de 120 kilomètres à certains endroits, et que la mer d'Aral s'est séparée en deux, puis trois bassins. Le bassin nord est stabilisé depuis 2006 par une digue, les bassins sud continuant à baisser. Les satellites altimétriques ont permis de mesurer les variations du niveau de cette mer depuis 1992.

↓ **Courbe de la baisse du niveau de la mer d'Aral,** calculée à partir de l'altimétrie Topex/Jason/Envisat.

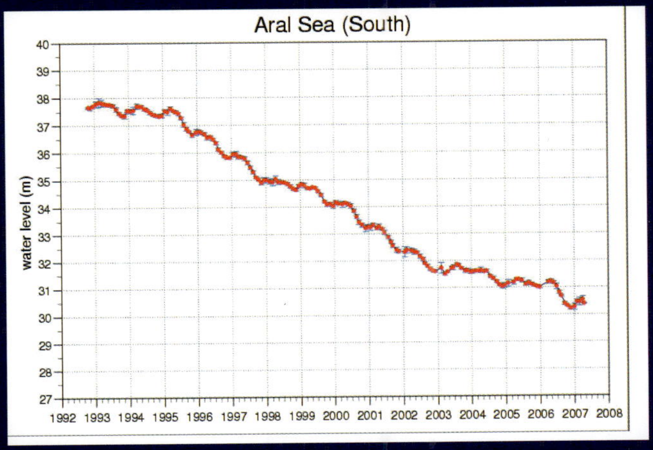

Regards de

Pierre Bahurel, *directeur de Mercator Océan*

Navigateur et océanographe, Pierre Bahurel rejoint en 1994 une petite unité du SHOM (Service hydrographique et océanographique de la marine) qui marie à Toulouse l'océanographie et le spatial. À cette époque, une révolution bouscule l'océanographie après le lancement en 1992 du satellite Topex-Poséidon. « Les possibilités développées par l'altimétrie ont créé un véritable big-bang dans le domaine de l'océanographie. On avait soudainement accès à des observations de la dynamique océanique en quantité et en qualité tout à fait inédites. Une nouvelle océanographie était née. »

Ces nouveaux moyens ont donné de drôles d'idées à quelques passionnés venus d'organismes différents : CNES, CNRS, Ifremer, Météo-France, IRD, SHOM… Ils décident en 1995 de lancer le projet qui aboutira à la création du centre Mercator Océan. « L'idée était d'intégrer ces nouvelles données dans nos schémas de modélisation pour élaborer des descriptions temps réel de l'océan et accéder à des prévisions fiables. Il s'agissait de mettre en place une océanographie opérationnelle, comme l'est la météorologie. »

En 2001, le premier bulletin « Mercator » de prévision temps réel est publié. Jason 1 succède à Topex-Poséidon. Les modèles numériques s'améliorent, ils décrivent la surface et les profondeurs de l'océan, le passé comme le futur proche, leur précision s'affinent, les zones décrites s'agrandissent. En 2005, Mercator Océan couvre l'ensemble du globe. « Notre valeur ajoutée est de construire à partir d'un ensemble très différent de données techniques (comme celles de l'altimétrie) une information unique et accessible sur l'océan : sa température, ses courants… Cela a changé radicalement notre vision et notre rapport à l'océan : nous le vivons aujourd'hui en temps réel en n'importe quel endroit du globe. »

Une nouvelle océanographie est née

Et l'aventure au long court se poursuit avec le lancement de Jason 2 le 20 juin 2008. Ce troisième satellite après Topex-Poséidon permet de mettre en place une vraie filière qui assure la continuité des données sur le long terme, dont dépend la crédibilité de Mercator Océan. « C'est un gage sur la pérennité et la crédibilité de cette filière de prévision opérationnelle, auxquelles plus de 600 utilisateurs font déjà confiance. »
Et ces utilisateurs sont variés : marines militaire et marchande, sauvetage et sécurité, plateforme offshore, activités côtières et aquaculture, météorologie, recherche sur le climat et physique de l'océan. L'enjeu des prochaines années est de continuer à leur fournir des données de plus en plus affinées sur les phénomènes océanographiques… Pour cela on compte sur le croisement des données venues d'autres satellites comme Cryosat qui surveillera la banquise et les calottes glacières ou SMOS (Soil Moisture and Ocean Salinity) qui fournira à partir de 2009 des informations sur la salinité des océans.
Mais cette quête de l'information sur nos océans a aussi « une portée citoyenne, explique Pierre Bahurel. C'est en comprenant les phénomènes qui se produisent sur leur planète que les hommes seront vigilants. Il faut donc leur fournir des indicateurs pour décrypter l'océan, et avec lui notre planète ». À quand un bulletin quotidien sur l'état de notre Terre et de ses océans ?

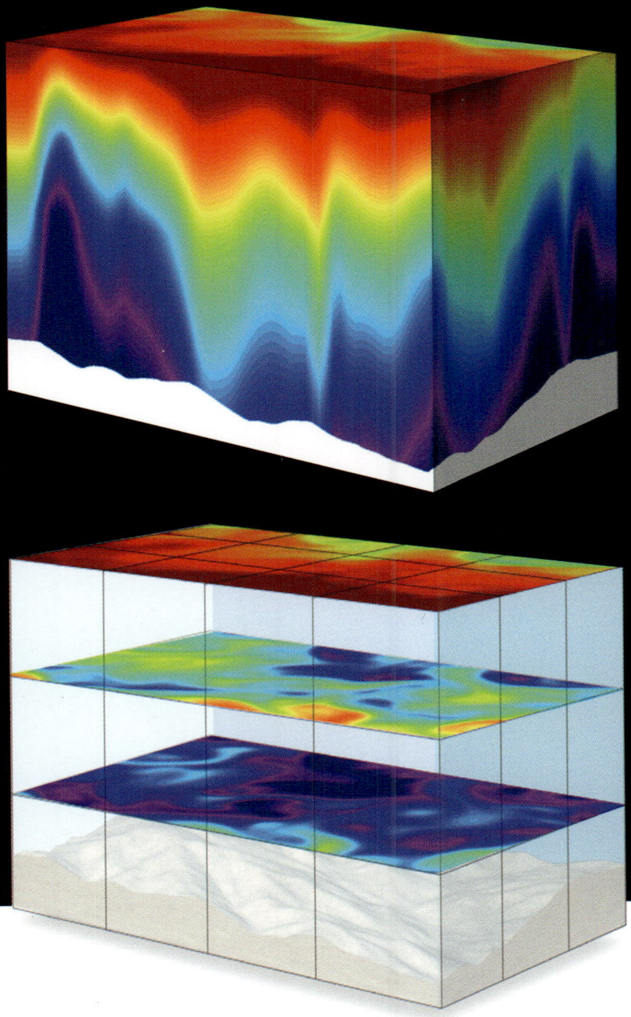

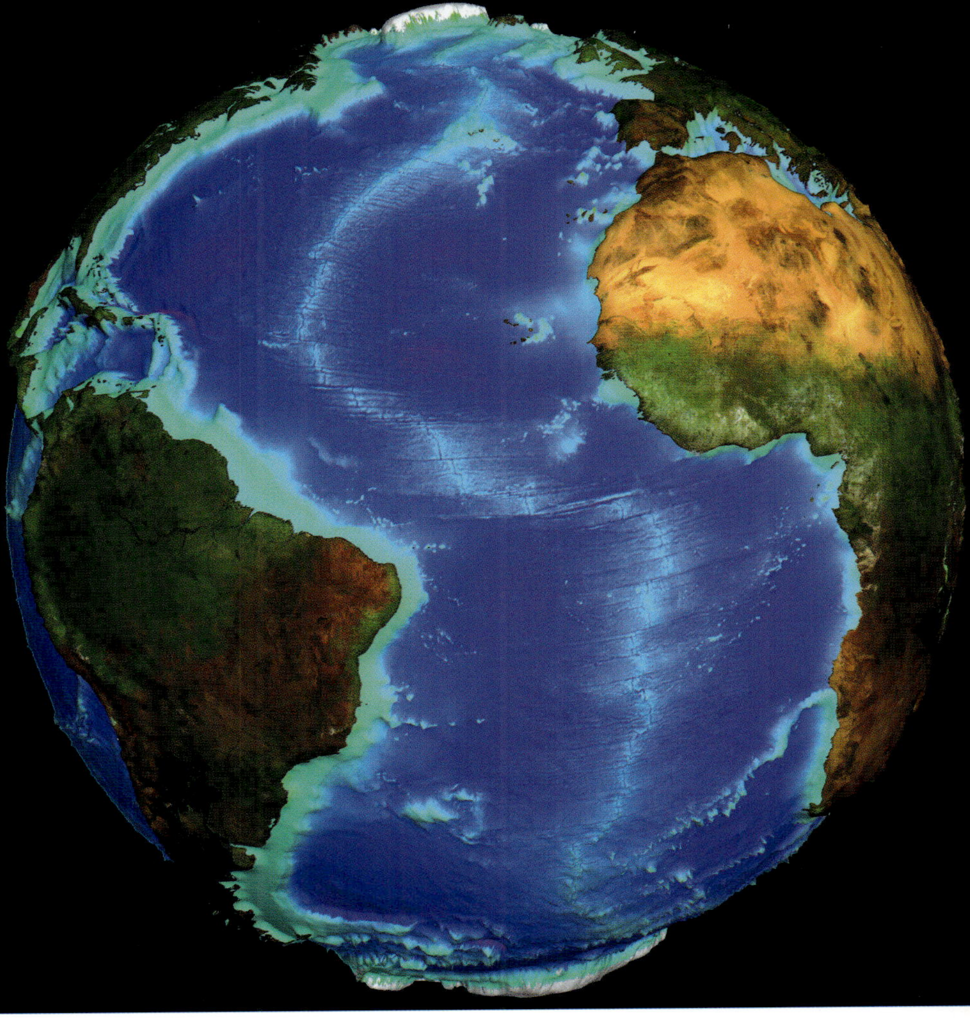

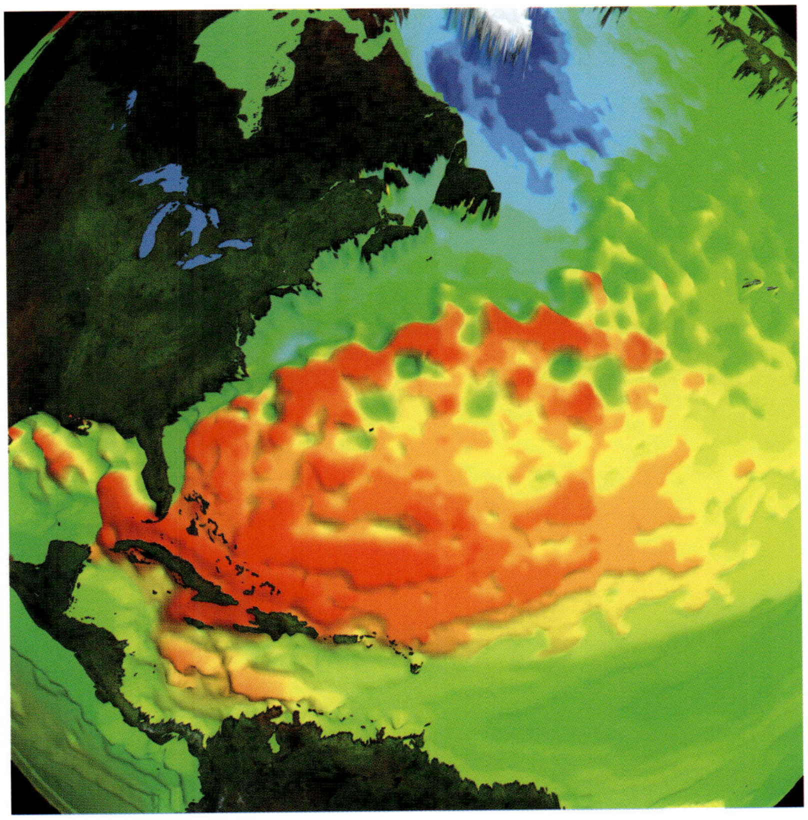

↑ **Les modèles d'océan.**
Les systèmes de prévision océanique opérés par Mercator Océan permettent de décrire avec 15 jours d'avance l'état des océans, de la surface jusqu'au fond en tout point du globe. Cette représentation tridimensionnelle du milieu marin et cette capacité à prévoir température, salinité, courants et à en suivre les variations dans le temps servent à de nombreuses applications.

↗ **Reliefs des fonds océaniques.**
Le relief de la surface des océans est influencé entre autres par les reliefs des fonds marins. Une montagne sous-marine engendrera une bosse à la surface (étalée sur une vaste surface), qui sera visible sur les mesures altimétriques. En combinant ces données avec des mesures faites par des navires océanographiques, on parvient à calculer une carte globale des fonds océaniques.

→ **Le Gulf Stream** est l'un des courants les plus connus. Depuis les Antilles jusqu'au large de Terre-Neuve, il est l'un des premiers courants à avoir été étudié de façon scientifique, de par son importance pour la navigation transatlantique. Il forme méandres et tourbillons à la lisière, observés par les satellites d'altimétrie sous forme de creux et de bosses à la surface, le flot principal se déplaçant à proximité d'une importante surélévation (de 1 mètre environ) du relief océanique. Les courants marins sont quelquefois comparés à des « autoroutes de la mer », car les suivre permet aux bateaux d'aller plus vite, en étant entraînés par la vitesse de l'eau. On observe des tourbillons qui se forment, perturbations du courant principal d'un diamètre pouvant atteindre 300 kilomètres.

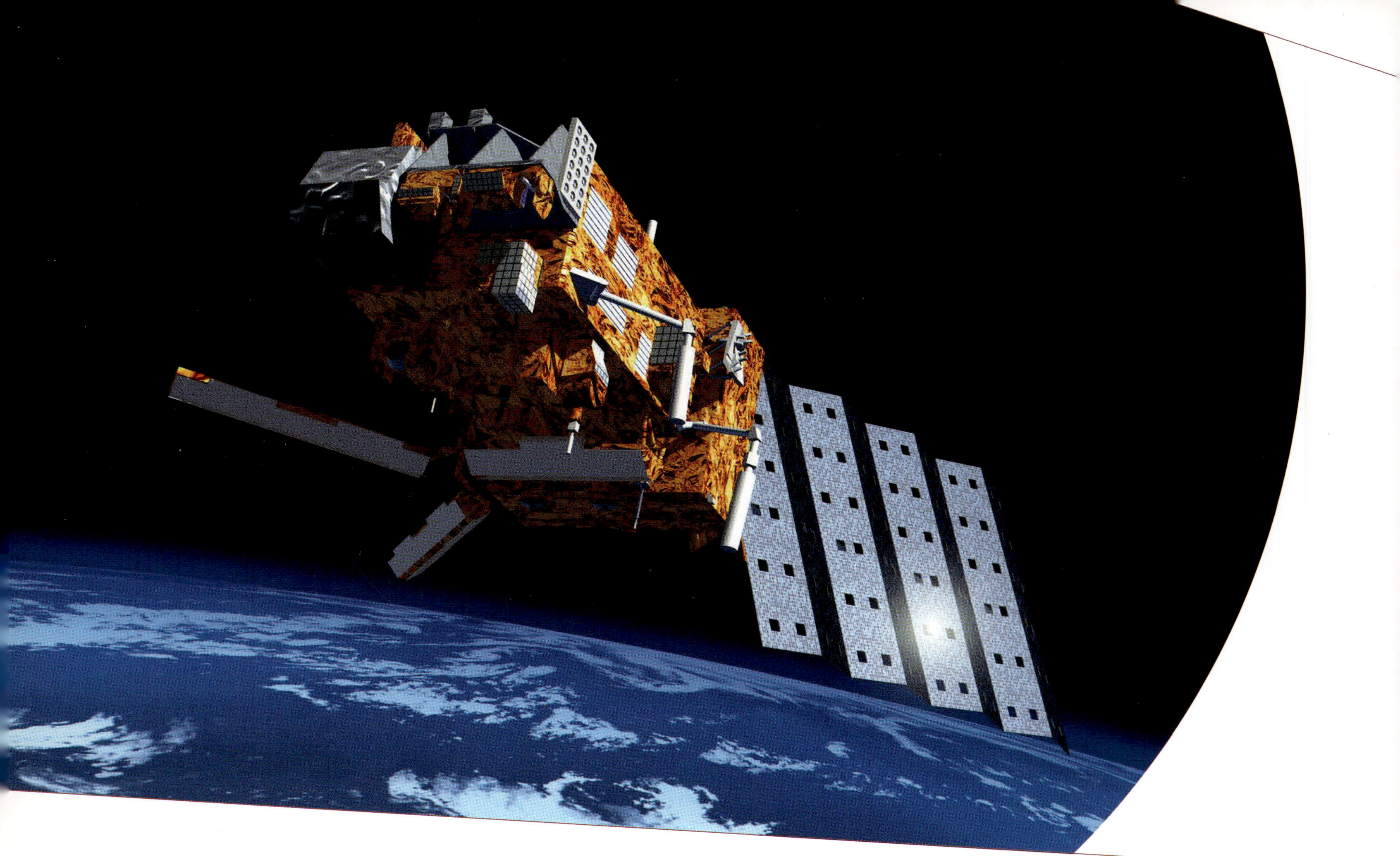

Les services météorologiques, tel Météo-France, doivent fournir aux pouvoirs publics, aux acteurs économiques et au public des prévisions fiables pour leur permettre de prévenir et de gérer le risque météorologique. Pour cela, ils ont besoin d'informations fréquemment mises à jour et de modèles de prévision. Comme source de données, les satellites météorologiques sont désormais indispensables pour le suivi en temps réel, la prévision immédiate et la prévision numérique des phénomènes météorologiques.

Le grand intérêt des satellites est leur couverture géographique : contrairement aux stations de mesure classiques réparties de manière très inégale sur la planète, les satellites météorologiques permettent l'observation de manière homogène de l'ensemble de la Terre, y compris des océans.

Pour des missions complémentaires, on utilise aujourd'hui deux types de satellites météorologiques : les premiers placés sur des orbites géostationnaires à 36 000 kilomètres, tels les satellites européens Météosat. Avec cinq satellites régulièrement espacés à l'aplomb de l'équateur, on peut avoir une couverture du globe à l'exception des zones polaires situées pour tous en limite de visibilité…

Les seconds placés en orbite basse (ou défilant), comme les satellites européens MetOp, sont situés à environ 800 kilomètres d'altitude, ils tournent autour de la Terre en environ 1 h 40, ils sont généralement héliosynchrones c'est-à-dire qu'ils observent une

IASI

Interféromètre **A**tmosphérique de **S**ondage **I**nfrarouge

Instrument CNES, passager de MetOp (Eumetsat)

Masse	220 kg
Dimensions	1,1 x 1,1 x 1,2 m
Mission	Réalise 120 sondages de l'atmosphère toutes les 8 secondes

MÉTÉOSAT METOP IASI

La couleur du temps

↗ **Cyclone s'approchant de Madagascar vu par MetOp le 17 février 2007.**

région toujours avec le même éclairage par le Soleil et cela deux fois par jour. Leur mission principale est d'alimenter en observations les modèles opérationnels de prévision numérique du temps, qui sont l'outil essentiel pour la prévision météorologique à quelques jours d'échéance.

Depuis 1977, les Météosat observent la Terre depuis la verticale du golfe de Guinée. Les Météosat de seconde génération (MSG) fournissent, depuis 2002, des images ayant une résolution 3 kilomètres et échantillonnant le rayonnement du système terre-atmosphère dans 12 canaux de mesure dans le visible et l'infrarouge (radiances). Les images disponibles toutes les 15 minutes comprennent plusieurs millions de points, alors que les stations terrestres sur la zone concernée sont au plus quelques milliers et transmettent des données au mieux toutes les heures.

Les satellites comme MSG sont essentiels à la prévision immédiate de quelques minutes à au plus quelques heures d'échéance. Leur vision d'ensemble facilite l'appréhension de la dynamique atmosphérique et la compréhension de l'évolution des phénomènes météorologiques. Ils permettent le suivi des masses nuageuses, en particulier des cellules convectives, et la description des nuages. En combinant les données, il est possible de reconnaître les nuages bas la nuit, mais pas encore de distinguer une couche de brouillard d'une couche de nuages très bas qui ne touche pas le sol. De jour comme de nuit, le caractère épais ou fin, donc dangereux ou inoffensif, des nuages élevés est identifiable ainsi que les poussières ou les cendres volcaniques et les zones à risque de givrage, qui représentent des dangers importants pour l'aéronautique. Par ciel clair, les données des satellites permettent aussi de déterminer des paramètres de surface dont la température et, de jour, la présence de neige au sol.

Pour réaliser des prévisions météorologiques numériques, il faut une description de l'état actuel de l'atmosphère qui se détermine à partir des observations disponibles (assimilation). Les satellites défilants, fournissent une information adaptée pour effectuer cette description de l'atmosphère, même si les radiances infrarouges fournies par les satellites géostationnaires constituent, en attendant que soit résolue la question de l'assimilation des données des radars, la seule véritable source de données observées à méso-échelle dans l'assimilation.

Grâce aux satellites en orbite basse, les prévisions numériques à plusieurs jours d'échéance sont de la même qualité dans l'hémisphère Sud où, contrairement à l'hémisphère Nord, il y a très peu d'observations *in situ.*

MetOp comprend douze instruments. Le diffusiomètre Ascat renseigne sur le vent à la surface des océans, donnée essentielle pour la localisation d'une tempête ou d'un cyclone tropical. Les sondeurs micro-ondes AMSU (Advanced Microwave Sounding Unit) et MHS (Microwave Humidity Sounder) fournissent une information de température et d'humidité, disponible même à l'intérieur ou au-delà des couches nuageuses. L'instrument de sondage par radio-occultation GRAS (Global navigation satellite system Receiver for Atmospheric Sounding) donne accès à la température dans les couches élevées de l'atmosphère. Mais, surtout, le sondeur IASI (Interféromètre atmosphérique de sondage infrarouge), conçu par le CNES, effectue 8 461 observations dans l'infrarouge de scènes météorologiques de 6 kilomètres de rayon. Ces données permettent d'accéder, avec une finesse inégalée, à la température et l'humidité de l'atmosphère sur plusieurs dizaines de kilomètres d'altitude. IASI contribue ainsi à l'amélioration des prévisions météorologiques ; à six jours elles sont de la même précision qu'à cinq jours. Les données de MetOp servent aussi à disposer d'imagerie fine et fréquente de la couverture nuageuse sur les régions polaires qui sont quotidiennement survolées côté Arctique par des avions commerciaux, à fournir de l'information sur l'intensité des pluies dans les zones océaniques hors de portée des radars terrestres, et à des fins de recherche tant pour le suivi du changement climatique qu'en chimie de l'ozone mais également de nombreux autres constituants. Pour assurer la pérennité d'acquisition de ces informations, deux autres satellites MetOp prendront la route de l'espace dans les années à venir.

Des organisations intergouvernementales ont été mises en place pour faciliter la coopération internationale, la diffusion opérationnelle des données et les nouveaux développements technologiques. En Europe, c'est Eumetsat qui, en charge de l'exploitation opérationnelle de Météosat et de MetOp, participe à la définition des futurs systèmes spatiaux à vocation météorologique.

Vincent Cassé

↗ **Image Météosat de l'Afrique** prise le 1er mars 2008.

→ **Forte tempête tropicale Lekima** prise par MetOp le 1er octobre 2007 au large du Vietnam.

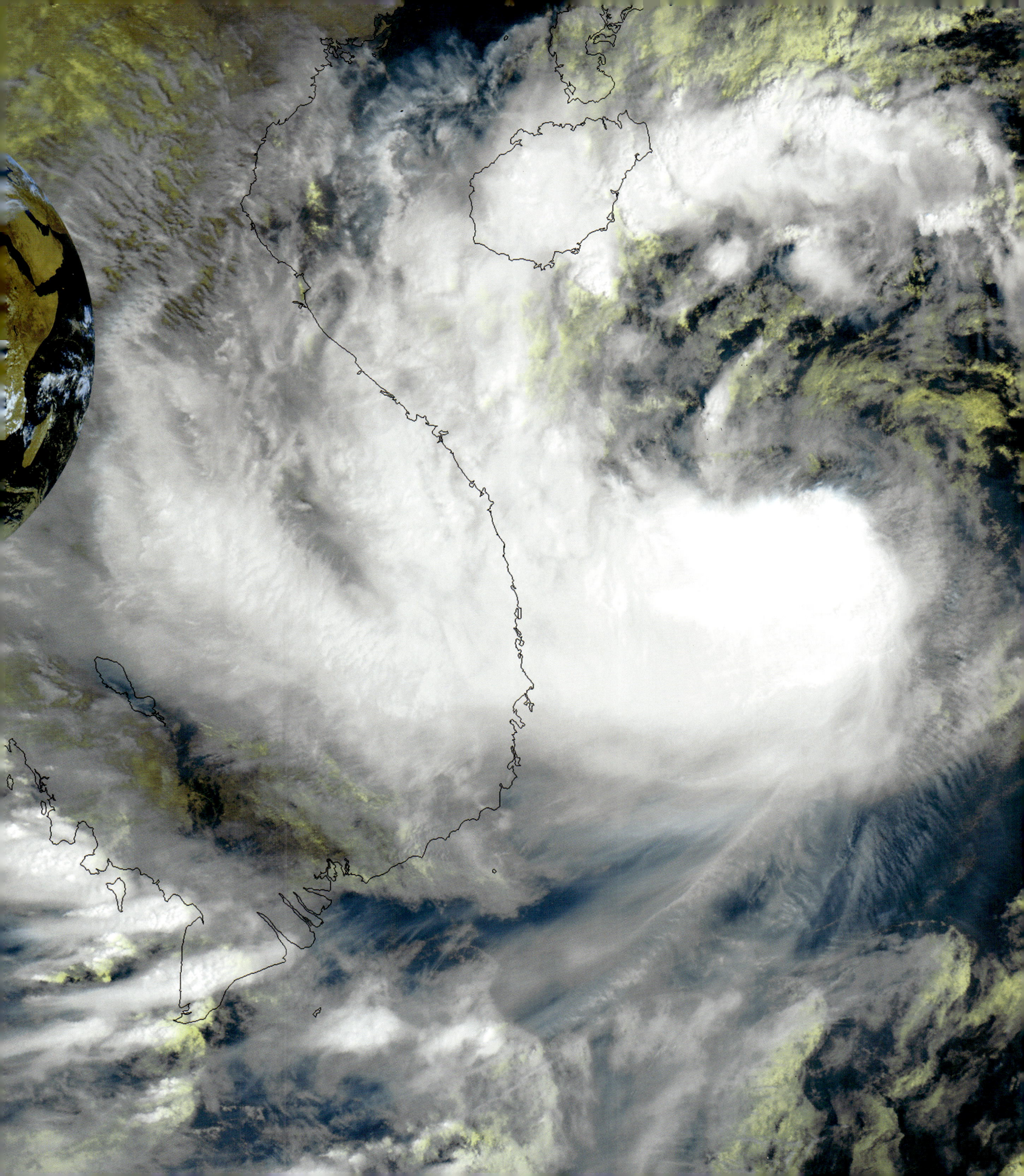

Regards de

Alain Clauss, *chef du programme de l'instrument IASI, Thales Alenia Space*

Alain Clauss, chef du programme de l'instrument IASI, travaille depuis 1985 sur le site Cannois de Thales spécialisé dans la fabrication des satellites et de ses composantes. Entré chez Aerospatial, devenu Alcatel Space reprise par Thales en 2008, il a été le témoin des grandes restructurations de l'industrie spatiale même si finalement le cœur de métier, lui, a peu changé.

Thales Alenia Space gère deux grandes familles de satellites : celle liée aux télécommunications et celle dédiée à l'observation et à la science. Alain Clauss appartient à la seconde : « Les enjeux et le déroulement des étapes ne sont pas les mêmes. Pour les satellites scientifiques, nous participons aux études très en amont dès les phases d'avant-projet pour définir la charge utile du satellite. Il faut inventer à chaque fois et construire le satellite autour de sa charge utile. Ce n'est pas la même configuration avec les satellites commerciaux pour lesquels il existe des lignes de produits à adapter. »

Pour ce type de mission, l'industriel a la maîtrise d'œuvre, mais son niveau d'implication à chacune des phases peut être différent. « Les projets sont à géométrie variable, de la fourniture d'un satellite complet jusqu'à celle d'une charge utile seule réalisée par Thales et fournie au maître d'ouvrage satellite par l'agence spatiale française. »

C'est ce qui s'est passé pour l'instrument IASI, une technologie initiée par le CNES en association avec l'agence européenne Eumetsat, elle même liée à la météorologie américaine par une coopération avec l'organisme NOAA.

Pour les satellites scientifiques, il faut inventer à chaque fois

Pour prévoir la pluie et le beau temps... le système satellitaire de prévision météorologique fonctionne grâce à un ensemble de satellites géostationnaires situé en orbite géostationnaire à 36 000 kilomètres d'altitude (Météosat) complété par des satellites à orbite basse (MetOp) qui observent l'atmosphère de plus près. L'instrument IASI embarqué sur le satellite MetOp, dont le premier de série a été lancé en octobre 2006, appartient à ce second type de satellite dédié à l'amélioration des prévisions météorologiques à moyen terme.

Avec ses 240 kilos, cet instrument sonde la structure verticale de l'atmosphère et mesure la température et l'humidité jusqu'à la couche nuageuse la plus élevée. Il analyse aussi la chimie de l'atmosphère pour suivre des constituants tels que l'ozone, le méthane ou le monoxyde de carbone.

« À la fois puissant et précis, IASI représente une vraie prouesse technologique et cela permet d'améliorer considérablement les prévisions météorologiques », souligne Alain Clauss. Avec sa grande puissance de calcul embarquée, il traite en effet un volume exceptionnel de données sur l'atmosphère.

Et, pour Alain Clauss, la mise en œuvre de IASI est une vraie satisfaction. « L'objectif désormais est de poursuivre cette filière de satellites et d'instruments pour qu'il soit programmé une continuité dans le service et les mesures. » Après la première génération des satellites MetOp, dont les nouveaux modèles suivants seront lancés nominalement en 2010 et 2015, Thales participe déjà à la réflexion sur la deuxième génération pour les décennies suivantes.

← **Gros plan d'un détecteur IASI.**

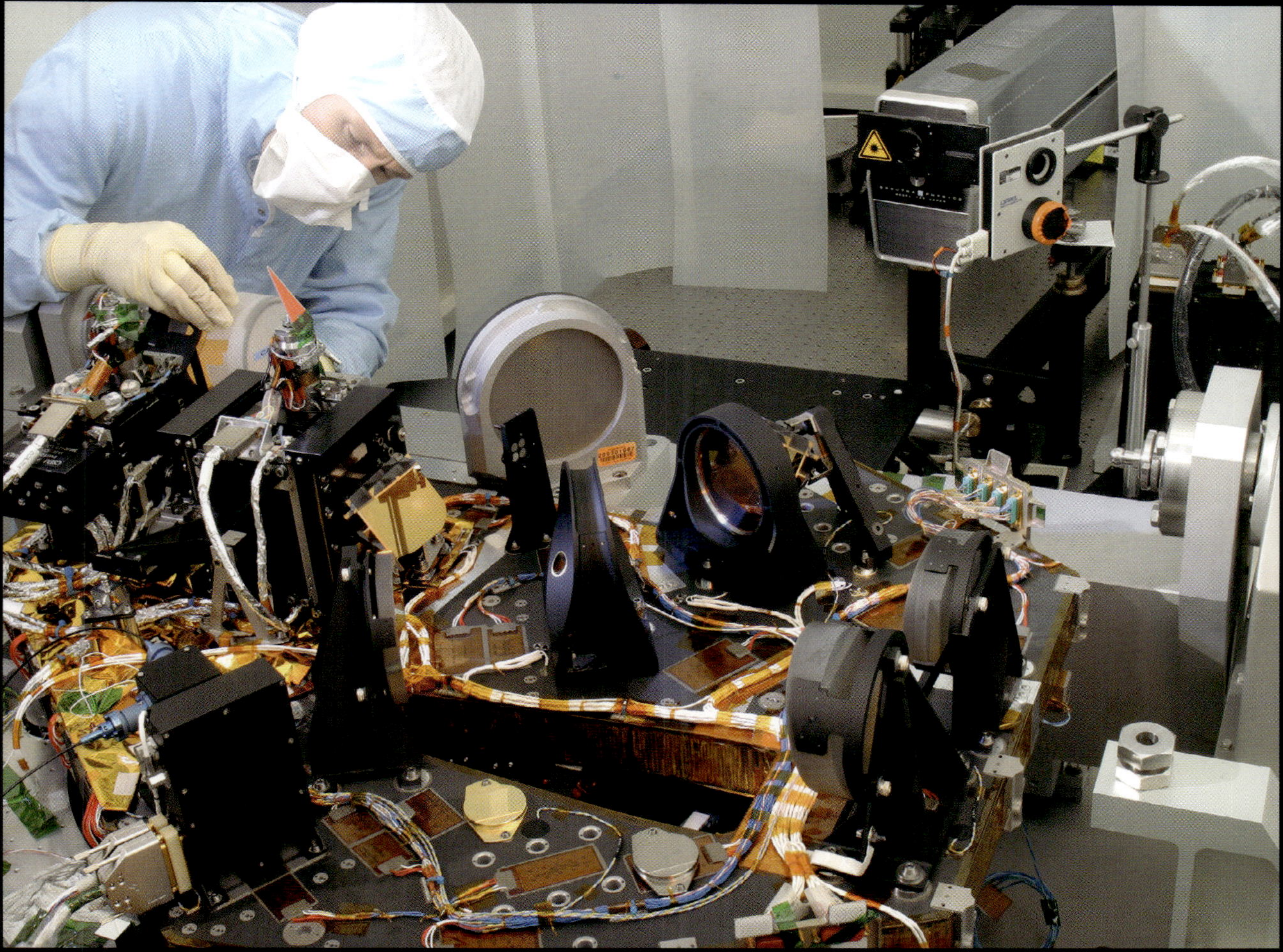

→ **Essai IASI à l'aide d'un banc optique.**
Dans l'espace IASI effectue toutes les 8 secondes 120 sondages pour des mesures de température et d'humidité. Pour obtenir autant d'informations, il faudrait lancer chaque jour dans l'atmosphère 1 296 000 ballons météorologiques.

→ **Essai de compatibilité électromagnétique sur IASI,** chez Thales Alenia Space à Cannes.

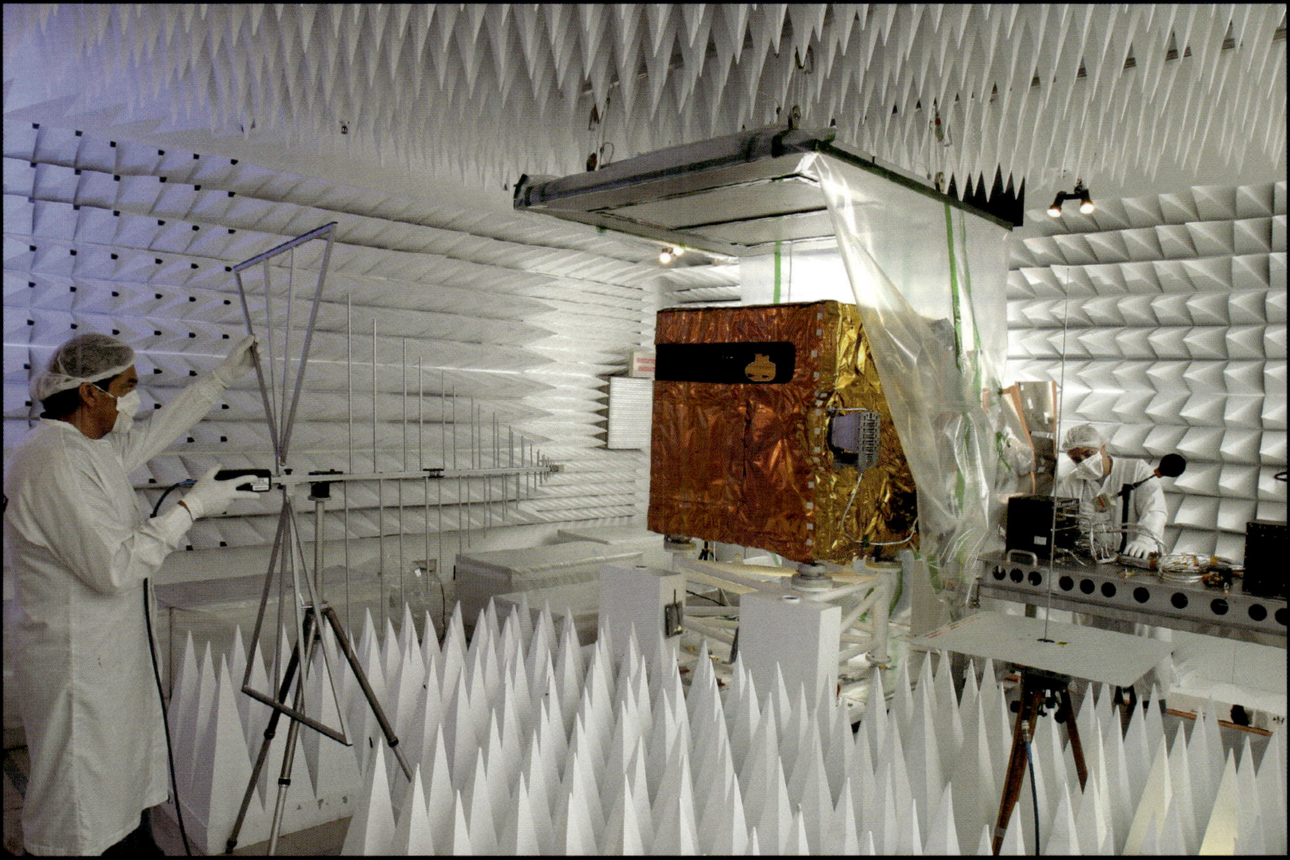

L'A-TRAIN, réalisée dans le cadre d'une coopération NASA, CNES et Agence spatiale canadienne (ASC), est une constellation de six satellites d'observation de la Terre. Le premier, Aqua, a été lancé le 4 mai 2002. En 2004, il a été rejoint par Aura le 15 juillet et par Parasol le 18 décembre. Les deux satellites CALIPSO et CloudSaT ont ensuite intégré cette constellation le 21 avril 2006 et enfin OCO (Orbiting Carbone Observatory) devrait la rejoindre fin 2008. Ces satellites sont sur une orbite héliosynchrone et franchissent l'équateur à 13 h 30 heure locale pour les orbites montantes, et chaque nuit à 1 h 30 heure locale pour les orbites descendantes. Ils se suivent à quelques secondes ou minutes d'intervalle, ce qui a conduit à nommer cette constellation « A-Train », pour faire référence à un convoi composé de plusieurs wagons. Cette image n'est néanmoins pas le reflet exact de la réalité puisque ces plates-formes ne sont pas physiquement attachées comme dans le cas d'un convoi ferroviaire et ont une certaine autonomie quant à leur position exacte au sein du train.

Ces six satellites d'observation de la Terre associent une grande majorité des techniques de mesures actives et passives, et permettent des observations dans tout le domaine spectral visible, infrarouge et micro-onde. Bien que remplissant des missions différentes, cet observatoire spatial permet une synergie instrumentale sans précédent avec un objectif

A-TRAIN
Un train pour l'atmosphère

↑ **Vent de sable d'origine saharienne** observé au-dessus du golfe du Lion par Météosat le 26 octobre 2006. Il s'agit d'un des types d'aérosols analysé par CALIPSO.

CALIPSO

(**C**oud-**A**erosol **Li**dar **I**nfrared **P**athfinder **S**atellite **O**bservations) un des six satellites de l'A-Train.

A-Train est inspiré du titre d'un morceau de jazz « Take the A-Train », rendu célèbre par l'orchestre de Duke Ellington.

Mission	CNES/NASA
Lancement	avec CloudSaT le 28 avril 2006 par Delta 2 depuis Vandenberg aux États-Unis
Masse	585 kg
Dimensions	2,5 x 1, 5 m envergure des panneaux solaires 9,7 m
Orbite	Polaire héliosynchrone à 705 km d'altitude
Durée de mission	Nominale 3 ans

commun, comprendre le climat et son évolution en donnant accès à la première vue en 3D de l'atmosphère. La combinaison de l'ensemble des mesures acquises sur un même point du globe et presque simultanément va nous fournir de précieuses informations sur les deux composants atmosphériques que sont les nuages et les aérosols. Les scientifiques ne comprendront l'ampleur et la portée des changements climatiques que s'ils connaissent l'impact exact des nuages et des aérosols, ces minuscules particules en suspension (poussières provenant de vents de sable, de pollution ou d'éruptions volcaniques). L'A-Train permet par exemple d'identifier les différents types d'aérosols et de mieux comprendre leurs effets directs et indirects sur le climat. Il permet également de mesurer des gaz traces (CH_4, CO, O_3, SO_2, etc.) pour l'étude des interactions chimie-climat et de la qualité de l'air.

Aqua est, pour le moment, le premier à franchir l'équateur et sa mission est centrée sur le cycle de l'eau. Il embarque un radiomètre imageur multispectral (MODIS), un radiomètre pour la mesure du bilan radiatif (CERES), un radiomètre micro-ondes (AMSR) et différents sondeurs infrarouge et micro-onde pour établir des profils de température et d'humidité de l'atmosphère.

Aura étudie plus spécifiquement la qualité de l'air, l'ozone stratosphérique. Ce satellite permet de suivre les phénomènes de transport de pollution intercontinentaux et de remonter aux sources locales et régionales de ces pollutions atmosphériques. L'instrument HIRDLS (HIgh Resolution Dynamics Limb Sounder) analyse la distribution globale des températures et des composés chimiques dans la stratosphère et la haute troposphère en « scrutant » la couche nuageuse, tandis que MLS (Microwave Limb Sounder) s'intéresse à la concentration dans la haute atmosphère de la vapeur d'eau et des composés chimiques qui contribuent à la destruction de la couche d'ozone.

CloudSaT est une mission centrée sur l'étude des nuages menée conjointement par la NASA et l'ASC. Avec un radar à 94 GHz, ce satellite fournit des informations sur la structure des nuages de glace, des nuages d'eau suffisamment épais et de phase mixte, et sur les précipitations peu intenses.

CALIPSO (Cloud-Aerosol Lidar and Infrared Pathfinder Satellite Observations), lancé en même temps que CloudSaT, repose sur une coopération entre la NASA et le CNES, associé à l'INSU-CNRS (Institut Pierre-Simon Laplace). Ce minisatellite emporte un lidar à rétrodiffusion qui fournit des profils verticaux des aérosols et des nuages peu denses. Un imageur infrarouge multispectral et une caméra visible complètent la charge utile de ce satellite. Grâce aux deux capteurs actifs, les distributions des propriétés des aérosols et des nuages peuvent être obtenues précisément sur la verticale. Ils apportent ainsi une information nouvelle et essentielle pour l'étude des interactions entre les nuages, les aérosols et le rayonnement solaire.

PARASOL (Polarisation et anisotropie des réflectances au sommet de l'atmosphère, couplées avec un satellite d'observation emportant un lidar) est le deuxième microsatellite de la filière Myriade développée par le CNES. Il embarque à son bord un radiomètre à grand champ proche de POLDER (POlarization and Directionality of the Earth's Reflectances) conçu grâce à la collaboration entre le Laboratoire d'optique atmosphérique (CNRS-USTL) et le CNES. Cet instrument mesure les caractéristiques directionnelles et la polarisation de la lumière réfléchie par l'ensemble Terre/atmosphère dans le domaine visible et infrarouge proche. Il fait partie, avec CALIPSO et CloudSaT, des instruments dédiés à l'amélioration de nos connaissances sur les propriétés radiatives et microphysiques des nuages et des aérosols.

Les premiers résultats obtenus par les scientifiques démontrent, en particulier sur la distribution globale de tous les types de nuages et d'aérosols, le bon fonctionnement de tous les instruments embarqués à bord de tous les satellites formant l'A-Train.

Dernier wagon de l'A-Train, OCO sera placé « en tête » devant Aqua. Lancé fin 2008, il mesurera la concentration atmosphérique en gaz carbonique afin d'en déduire les échanges de carbone entre l'atmosphère et les écosystèmes marins et terrestres.

Jacques Pelon et Didier Tanré

↑ **Le volcan Etna,** vu par le satellite SPOT 4, le 23 juillet 2001. Les cendres résultant des éruptions volcaniques représentent une part importante des aérosols atmosphériques.

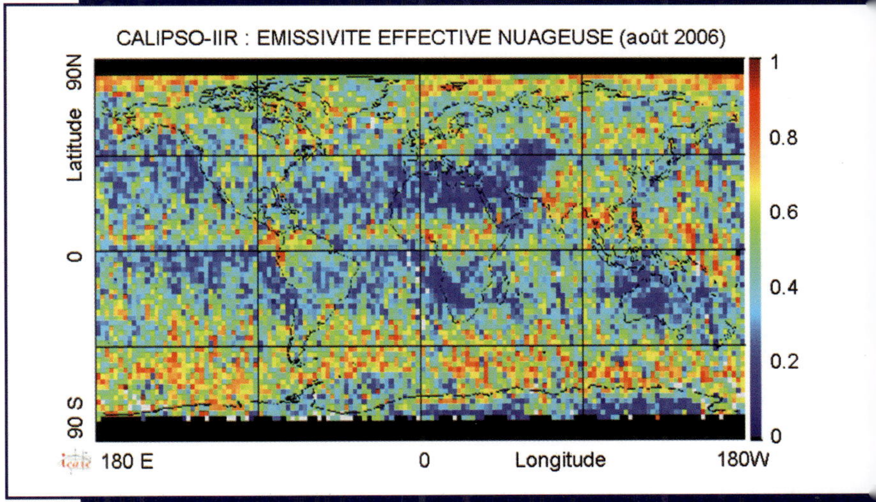

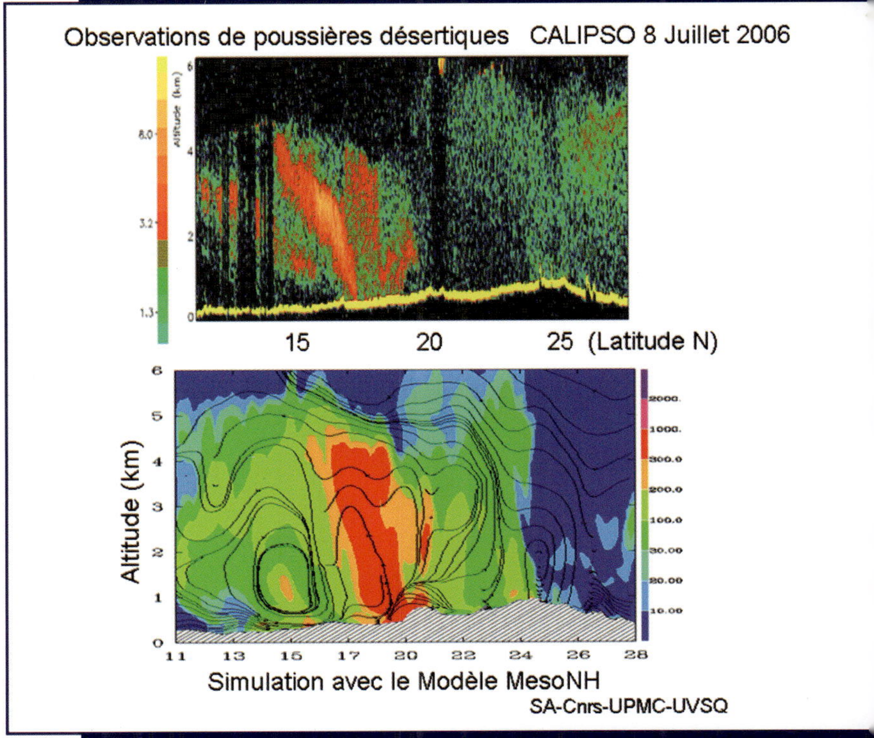

↗ **Percer les secrets des nuages et des aérosols.**
Depuis sa mise en orbite CALIPSO a permis d'avoir des réponses sur la distribution globale de tous les types de nuages et d'aérosols. On espère maintenant comprendre d'autres mécanismes ayant un impact sur le réchauffement climatique : pourquoi, par exemple, des polluants et des aérosols émis depuis des latitudes moyennes en Europe, aux États-Unis ou en Asie peuvent contribuer à la formation des brumes dans les régions arctiques et quel est leur impact radiatif.

↗ **Carte globale d'émissivité des nuages hauts,** déterminée à partir des observations de l'imageur infrarouge de CALIPSO et de la classification des nuages effectuée par l'imageur-lidar pour août 2006.

→ **Comparaison des observations de la diffusion lumineuse**
par les poussières désertiques entre 0 et 6 kilomètres d'altitude en zone sahélienne effectuées par CALIPSO et par modélisation.

Regards de **Jean Jouzel**

climatologue, directeur de l'Institut Pierre-Simon Laplace

→ **La Camargue vue par SPOT 5.**
Une zone sensible aux effets du réchauffement climatique.

C'est en étudiant la composition isotopique des carottes de glace du Groenland et de l'Antarctique avec la complicité d'un autre scientifique, Claude Lorius, que Jean Jouzel est devenu un spécialiste des climats du passé... puis du futur. « En analysant ces carottes glaciaires, nos équipes de Saclay et Grenoble ont pu reconstituer les variations climatiques et celles de l'effet de serre durant les différents cycles glaciaires et interglaciaires des 400 000 dernières années. À partir de l'étude des climats du passé, nous avons également acquis des informations pertinentes vis-à-vis du climat du futur. »
Plus récemment, le grand projet de forage Epica en Antarctique lancé en 1995 confirme le lien entre concentration atmosphérique en CO_2 et augmentation de la température globale, tout en montrant que le niveau de CO_2 n'a jamais été aussi élevé au cours des 800 000 dernières années. D'études en études, les résultats se précisent et démontrent la liaison entre gaz à effet de serre et réchauffement de l'atmosphère terrestre. Le Groupe d'experts intergouvernemental sur l'évolution du climat (GIEC), mis en place dès 1988, donne l'alarme... En 2007, il reçoit le prix Nobel avec Al Gore dont les positions en faveur de l'environnement ont précipité une prise de conscience mondiale.
Jean Jouzel, qui est aujourd'hui vice-président du groupe scientifique du GIEC, confirme :
« Le lien entre le réchauffement de la planète et les activités humaines est aujourd'hui pratiquement établi. Depuis les années 1990, les progrès en modélisation conjugués à l'acquisition de nouvelles données, dont celles qui nous sont fournies par l'observation satellitaire, ont permis de faire d'énormes progrès dans nos diagnostics et de confirmer nos conclusions. »

Directeur de l'Institut Pierre-Simon Laplace, qui fédère cinq laboratoires de la région parisienne, Jean Jouzel entend bien poursuivre dans cette voie : « La recherche en climatologie s'affine, on étudie désormais comment et où peuvent se produire les conséquences du réchauffement, en nous penchant en particulier sur les extrêmes climatiques et sur la question des effets de seuil au-delà duquel les événements sont irréversibles comme le serait par exemple une fonte partielle de la calotte du Groenland. » Dans cette perspective, le spatial a toute sa place : « Les premières mesures satellitaires concernant la climatologie ont été prises avec des instruments qui n'étaient pas forcément dédiés à cela.
Aujourd'hui, l'observation de la Terre est devenue une priorité de la climatologie. »
Augmentation des émissions de particules, fonte des glaces, montée du niveau de la mer, multiplication des précipitations dans certaines zones, désertification dans d'autres, les satellites d'observation sont les témoins privilégiés des effets de ces variations climatiques. Les données qu'ils fournissent sont indispensables pour mettre en place la surveillance nécessaire à la sauvegarde de la planète.
Et Jean Jouzel met toute sa force de conviction pour convaincre l'opinion et les pouvoirs publics de prendre des mesures afin d'arriver à diviser par quatre les émissions des gaz à effet de serre d'ici à 2050, « au risque sinon de se retrouver avec une augmentation de la température moyenne de 3 à 4 °C, voire plus, à la fin du siècle avec de nombreux impacts sur la biosphère marine et terrestre et des conséquence dramatiques sur les conditions de vie des hommes ».

Le lien entre le réchauffement et les activités humaines est aujourd'hui pratiquement établi

GRAND RHÔNE
ÉTANG DE VACCARÈS
Saintes-Maries-de-la-Mer
Pointe du Sablon

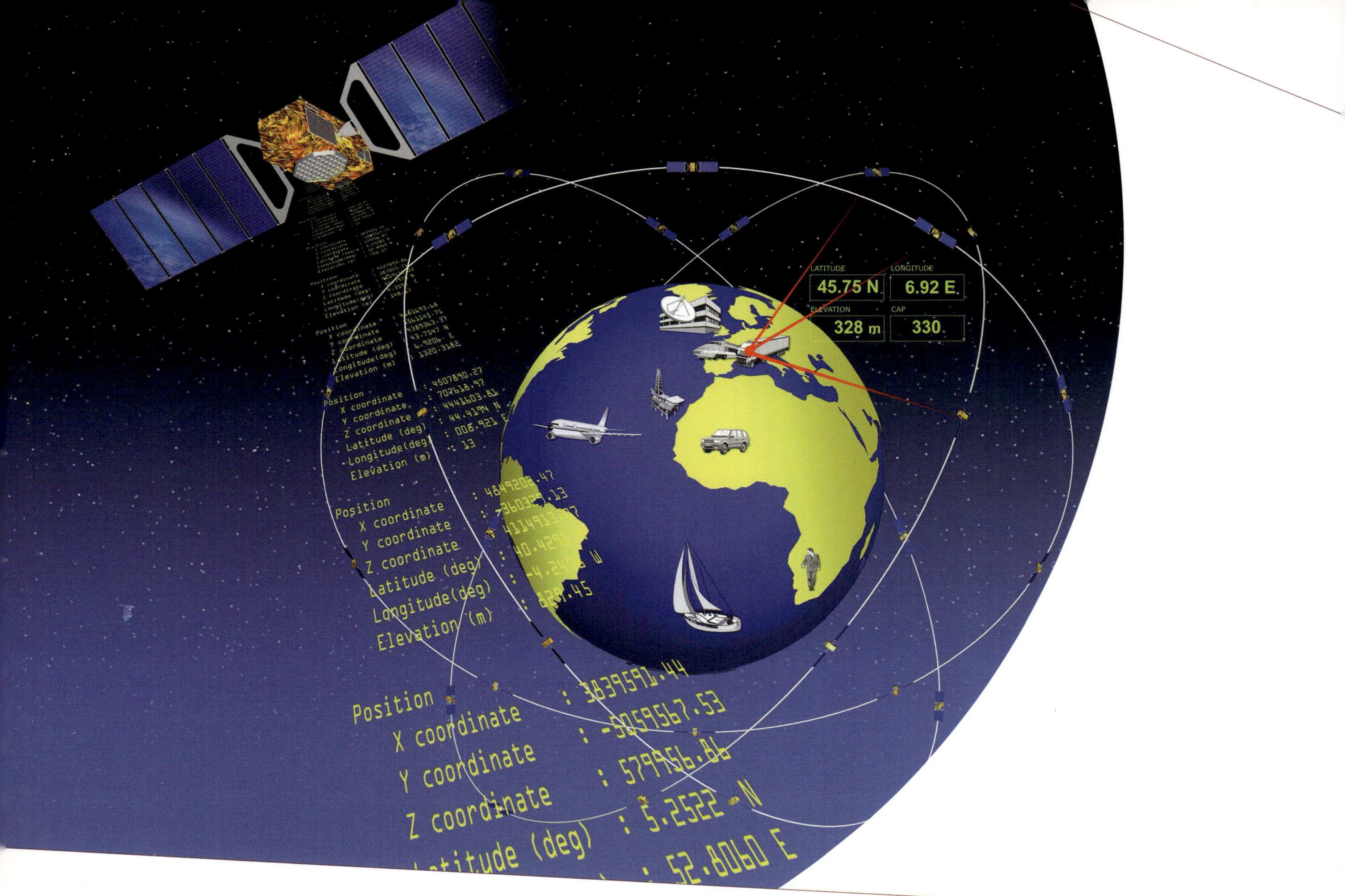

DANS SON OUVRAGE *L'Exploration de l'espace*, publié en 1951, Arthur C. Clarke, qui inspira le film *2001, l'Odyssée de l'espace*, expliquait qu'en plaçant des satellites à 36 000 kilomètres il serait plus facile de communiquer d'un continent à l'autre, et que la diffusion d'informations via l'espace constituait l'un des domaines les plus prometteurs. Les faits ont amplement confirmé cette prédiction. Aujourd'hui, tous les échanges d'informations entre des places boursières, des réseaux bancaires ou des grandes entreprises, les communications téléphoniques, les émissions de télévision et de radio utilisent comme relais des satellites. Pesant entre deux et six tonnes, leurs capacités technologiques de plus en plus grandes permettent à des centaines de millions de personnes de recevoir, via leur propre antenne parabolique, des centaines de chaînes de télévision, de choisir leurs programmes et de vivre en direct des événements partout dans le monde. Quelque 270 satellites ont des utilisations commerciales, traduisant une activité économique en fort développement. En Europe et dans le pourtour méditerranéen, 51 % des foyers reçoivent leurs programmes de télévision via l'espace. On estime que, dans dix ans, le nombre de chaînes transmises par satellites devrait doubler pour atteindre 30 000.

RADIO-COMMUNICATION

La planète communicante

↑ **Paraboles TV à Berlin : à chacun sa chaîne pour des échanges planétaires.**

Si, dans beaucoup de régions, les liaisons par satellites sont complémentaires des réseaux terrestres, il en va autrement dans les régions dépourvues d'infrastructures terrestres suffisantes. Grâce à des liaisons par satellites, des populations isolées peuvent bénéficier de programmes d'enseignement ou avoir accès aux soins. Désormais, avec des terminaux adaptés, il est possible, de n'importe quel point du monde fixe ou mobile (avion, navire, automobile, téléphone portable, etc.), d'avoir accès à tous les services numériques en se connectant au haut débit. Les entreprises peuvent en permanence dialoguer avec leurs différents sites ou gérer, en temps quasi réel, leurs approvisionnements. Dans des situations de catastrophe où toutes les infrastructures sont endommagées ou détruites, la mise en place d'antennes facilement déployables permet de rétablir rapidement les communications, facilitant l'organisation des secours et la communication avec des centres d'expertise médicale ou de décision.

En randonnée, dans sa voiture, à bord de taxis, de tracteurs, de camions, de conteneurs, d'avions ou de navires, le simple citoyen ou de très nombreux professionnels disposent du système de localisation et navigation par satellites leur fournissant instantanément longitude,

latitude, altitude. D'abord uniquement réservé à l'armée américaine, le GPS fut mis à la disposition des civils, entraînant le développement de très nombreuses applications. L'Europe, pour assurer son indépendance, disposera du système Galileo, qui sera opérationnel en 2013. Trente satellites répartis sur trois orbites circulaires à 24 000 kilomètres de la Terre permettront une précision de localisation de 10 mètres à 1 centimètre selon les modes opératoires. Les terminaux vendus dans le commerce seront compatibles avec les systèmes GPS, Galileo ou Glonass russe. Ce secteur d'activité devrait générer quelque 28 milliards d'euros en 2020.

Dédié au départ à la recherche scientifique, le système Argos, en service depuis 1978, a lui aussi permis le développement de très nombreuses applications. Instruments placés à bord de satellites météorologiques américains, européens et japonais, Argos permet, à l'aide de balises, de faire des mesures localisées. Transmises à un centre de traitement, dont le principal se trouve à Toulouse, elles sont rediffusées à chaque utilisateur. Aujourd'hui, plus de 16 000 balises Argos sont en service sur l'ensemble du globe. Elles sont utilisées pour contrôler les quotas de pêche, faire des mesures d'environnement sur les océans, les eaux continentales ou les zones polaires, aider les chercheurs en particulier dans les domaines animaliers (suivi de tortues, d'oiseaux, d'animaux marins) ou en épidémiologie. De récents développements technologiques du système spatial et des terminaux permettent de nouvelles offres de service. Des compagnies d'assurances proposent à leurs clients de doter leur véhicule (automobile ou navire) de balises « cachées » pour les localiser en cas de vol ou pour lutter contre la piraterie en mer. Associée à une société d'assistance, une mutuelle offre aux touristes, aux randonneurs et aux personnels d'entreprises travaillant dans des zones isolées ou à risque un service d'alerte par balise satellite, couplé avec des prestations d'assistance et de secours activables dans le monde entier en cas d'urgence. Des bouées pourvues de balise et larguées dans une nappe de pétrole accidentelle permettent de suivre sa dérive.

Mis en service en 1982, le système civil international de localisation des détresses COSPAS-SARSAT a permis de sauver quelque 22 500 personnes. Instrument placé à bord de onze satellites, il localise des balises uniquement dédiées au sauvetage. Dès leur déclenchement manuel ou automatique, elles émettent des signaux captés par le satellite qui les relaie vers l'une des cinquante stations terrestres réparties dans vingt-cinq pays. Avec analyse du message, identification et localisation de la détresse, l'un des vingt-cinq centres de contrôle alerte les secours appropriés. En 2010, on estime à plus d'un million les balises COSPAS-SARSAT en service dans le monde.

Ainsi, dans tous les domaines, les radiocommunications par satellite font partie de notre quotidien en supprimant les distances, en favorisant la communication permanente, mais cette omniprésence crée de plus en plus d'interrogations sur le respect des libertés individuelles et de la vie privée.

Aline Chabreuil

↑ ↖ **Le multiplexage** est l'opération par laquelle on combine plusieurs signaux de faibles et moyens débits en un seul signal composite de haut débit pouvant être transmis via un canal de communication commun.

→ **À chacun sa place et sa fréquence.** Ce schéma montre le positionnement des 317 satellites qui, en 2006, étaient sur l'orbite géostationaire à 36 000 kilomètres de la Terre : 261 d'entre eux étaient des satellites de télécommunication commerciaux. Les fréquences utilisées sont attribuées par l'Union internationale des télécommunications.

↓ **Ovalie, équipée d'une balise Argos,** relâchée en 2007 par le CestMed au large du Grau-du-Roi, pour connaître ses déplacements.

↘ **Application Galileo pour voitures.**

↘ **Yourte, capteur solaire et antenne satellite en Mongolie.** Des liaisons satellites nécessaires dans les zones isolées.

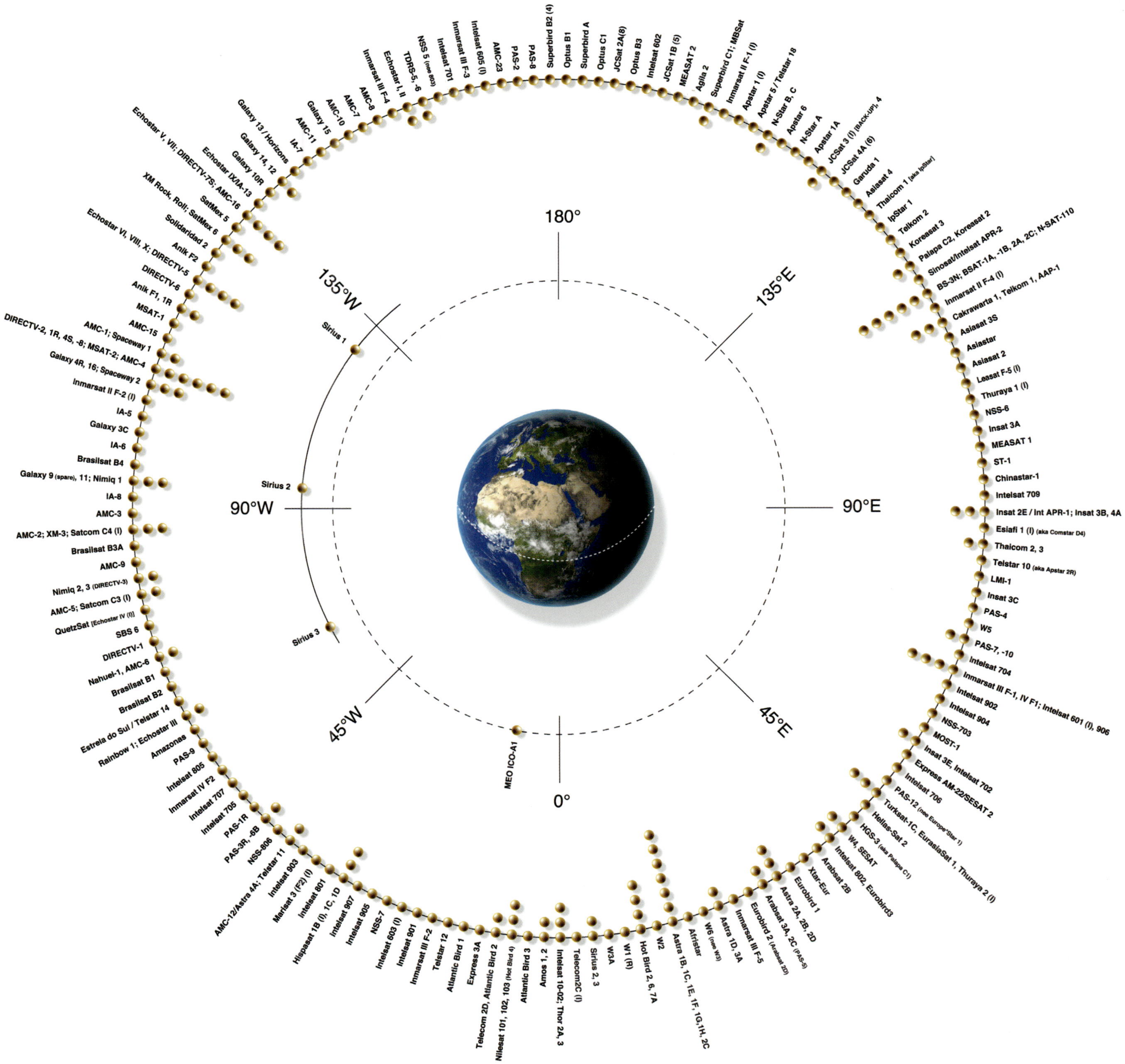

180°
135°E
90°E
45°E
0°
45°W
90°W
135°W
Sirius 1
Sirius 2
Sirius 3
MEO ICO-A1
Superbird B2 (4)
Optus B1
Superbird A
Optus C1
JCSat 2A(8)
Optus B3
Intelsat 602
JCSat 1B (5)
MEASAT 2
Agila 2
Superbird C1; MBSat
Inmarsat II F-1 (I)
Apstar 1 (I)
Apstar 5 / Telstar 18
N-Star B, C
Apstar 6
N-Star A
Apstar 1A
JCSat 3 (I) (BACK-UP), 4
JCSat 4A (6)
Garuda 1
Asiasat 4
Thaicom 1 (aka IpStar)
IpStar 1
Telkom 2
Koreasat 3
Palapa C2, Koreasat 2
Sinosat/Intelsat APR-2
BS-3N; BSAT-1A, -1B, 2A, 2C; N-SAT-110
Inmarsat II F-4 (I)
Cakrawarta 1, Telkom 1, AAP-1
Asiasat 3S
Asiastar
Asiasat 2
Leasat F-5 (I)
Thuraya 1 (I)
NSS-6
Insat 3A
MEASAT 1
ST-1
Chinastar-1
Intelsat 709
Insat 2E / Int APR-1; Insat 3B, 4A
Esiafi 1 (I) (aka Comstar D4)
Thaicom 2, 3
Telstar 10 (aka Apstar 2R)
LMI-1
Insat 3C
PAS-4
W5
PAS-7, -10
Intelsat 704
Inmarsat III F-1, IV F1; Intelsat 601 (I), 906
Intelsat 902
Intelsat 904
NSS-703
MOST-1
Insat 3E, Intelsat 702
Express AM-22/SESAT 2
Intelsat 706
PAS-12 (nee Europe*Star 1)
Turksat-1C, EurasiaSat 1, Thuraya 2 (I)
Hellas-Sat 2
HGS-3 (aka Palapa C1)
W4, SESAT
Intelsat 802, Eurobird3
Arabsat 2B
Xtar-Eur
Eurobird 1
Astra 2A, 2B, 2D
Arabsat 3A, 2C (PAS-5)
Eurobird 2 (Arabsat 2D)
Inmarsat III F-5
Astra 1D, 3A
W6 (nee W3)
Afristar
Astra 1B, 1C, 1E, 1F, 1G,1H, 2C
W2
Hot Bird 2, 6, 7A
W1 (R)
W3A
Sirius 2, 3
Telecom2C (I)
Intelsat 10-02; Thor 2A, 3
Amos 1, 2
Atlantic Bird 3
Nilesat 101, 102, 103 (Hot Bird 4)
Telecom 2D, Atlantic Bird 2
Express 3A
Atlantic Bird 1
Telstar 12
Inmarsat III F-2
Intelsat 901
Intelsat 603 (I)
NSS-7
Intelsat 905
Intelsat 907
Hispasat 1B (I), 1C, 1D
Intelsat 801
Marisat 3 (F2) (I)
Intelsat 903
AMC-12/Astra 4A; Telstar 11
NSS-806
PAS-3R, -6B
PAS-1R
Intelsat 705
Intelsat 707
Inmarsat IV F2
Intelsat 805
PAS-9
Amazonas
Rainbow 1; Echostar III
Estrela do Sul / Telstar 14
Brasilsat B2
Brasilsat B1
Nahuel-1, AMC-6
DIRECTV-1
SBS 6
QuetzSat [Echostar IV (I)]
AMC-5; Satcom C3 (I)
Nimiq 2, 3 (DIRECTV-3)
AMC-9
Brasilsat B3A
AMC-2; XM-3; Satcom C4 (I)
AMC-3
IA-8
Galaxy 9 (spare), 11; Nimiq 1
Brasilsat B4
IA-6
Galaxy 3C
IA-5
Inmarsat II F-2 (I)
Galaxy 4R, 16; Spaceway 2
DIRECTV-2, 1R, 4S, -8; MSAT-2; AMC-4
AMC-1; Spaceway 1
AMC-15
MSAT-1
Anik F1, 1R
DIRECTV-6
DIRECTV-5
Echostar VI, VIII, X; DIRECTV-5
Anik F2
Solidaridad 2
XM Rock, Roll; SatMex 6
SatMex 5
Echostar V, VII; DIRECTV-7S; AMC-16
Echostar IX/IA-13
Galaxy 10R
Galaxy 14, 12
Galaxy 13 / Horizons
IA-7
AMC-11
Galaxy 15
AMC-10
AMC-7
AMC-8
Inmarsat III F-4
Echostar I, II
TDRS-5, -6
NSS 5 (nee 803)
Intelsat 701
Inmarsat III F-3
Intelsat 605 (I)
AMC-23
PAS-2
PAS-8

↗ Saturne et ses anneaux observés avec le télescope spatial Hubble.

SYSTÈME SOLAIRE

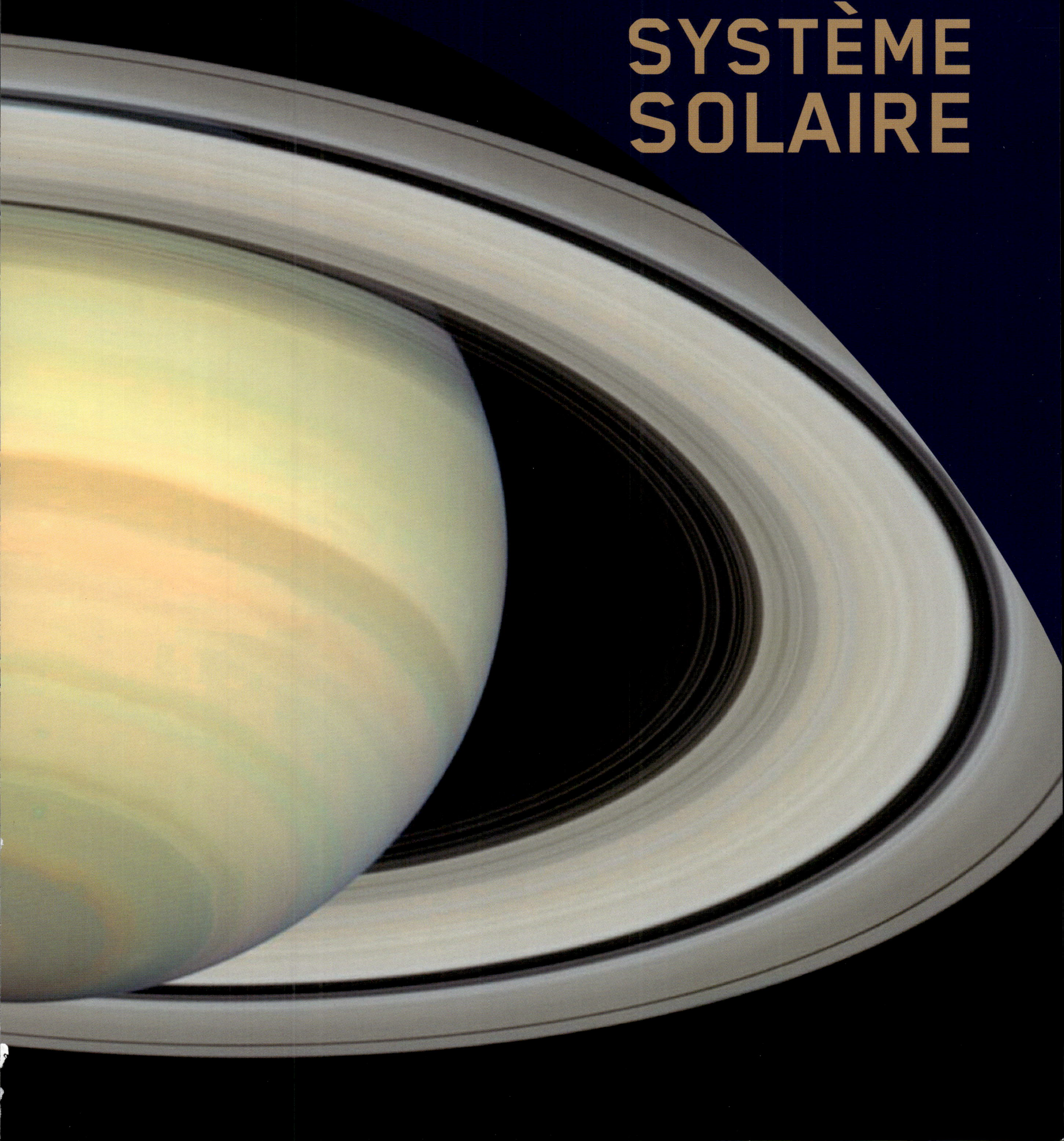

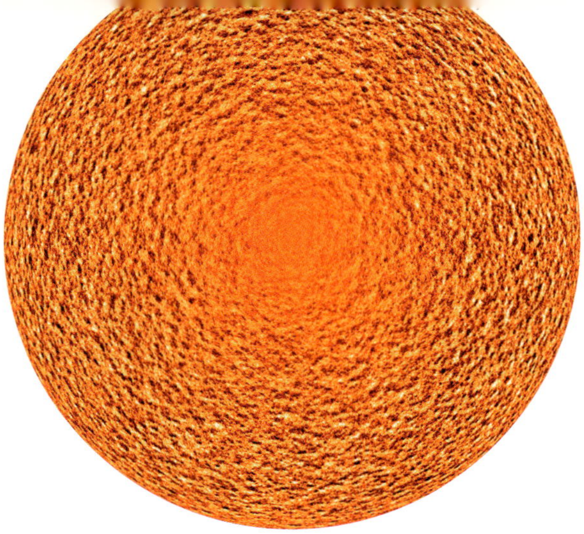

Explorer le système solaire

La première mission des satellites en orbite terrestre a été d'observer la Terre. Mais ce n'est pas la seule ; en pointant les instruments non pas vers le sol mais vers le ciel, on accède à l'exploration des astres, à commencer par ceux qui sont les plus proches de nous : les objets du système solaire.

Pourquoi aller dans l'espace pour observer les astres ? D'abord pour s'affranchir de l'atmosphère terrestre qui, par sa turbulence, réduit la qualité des images prises depuis le sol. De plus, l'atmosphère terrestre est opaque à la plupart des longueurs d'onde en dehors du domaine visible, or tous les domaines spectraux, depuis l'ultraviolet jusqu'à l'infrarouge et la radio, apportent des informations sur les astres que l'on observe. Enfin, dans le cas du système solaire, l'exploration spatiale permet de s'approcher des objets d'étude : la Lune, les planètes et leur système, les petits corps.

Après cinquante ans d'aventure spatiale, l'exploration du système solaire apparaît avant tout comme internationale et pluridisciplinaire. Internationale, car la complexité des missions d'exploration nécessite une étroite collaboration entre de nombreuses agences spatiales. Pluridisciplinaire, car les enjeux que pose l'exploration du système solaire relèvent de disciplines multiples : astronomie et astrophysique mais aussi sciences de la Terre, climatologie, chimie, biologie, exobiologie... Cette aventure spatiale s'appuie aussi sur les observations depuis la Terre, grâce aux instruments de plus en plus performants qui équipent des télescopes de plus en plus grands. Elle bénéficie également des ordinateurs de plus en plus puissants pour les calculs d'orbite, ou la mise au point de simulations numériques permettant de contraindre les modèles de formation et d'évolution des objets du système solaire.

L'exploration spatiale du système solaire a connu plusieurs grandes époques. La première, dans les années 1960, fut celle de la conquête de la Lune, menée par l'Union soviétique avec des sondes robotisées, et par la NASA avec les premiers pas et le retour d'échantillons lunaires fournissant une datation absolue de la Lune. Ensuite vint, dans les années 1970, l'exploration de Mars, menée simultanément par la NASA et par l'Union soviétique. Après Mariner 9, la mission américaine Viking, lancée en 1974, et constituée de deux orbiteurs et de deux modules de descente identiques, a accumulé une base de données qui sert de référence encore aujourd'hui. Une autre étape importante fut celle de la collaboration franco-soviétique, avec les sondes Venera pour l'exploration de Vénus, et en point d'orgue, la mission Vega, constituée de deux sondes identiques qui s'approchèrent, en 1986, de la comète de Halley. En parallèle, à partir des années 1980, on assiste à la montée en puissance de l'Europe spatiale, avec l'ESA qui se dote d'un programme pluriannuel et pluridisciplinaire. Pour le système solaire, le premier succès fut la mission Giotto qui accompagna les sondes Vega autour de la comète de Halley en 1986, étape essentielle dans notre compréhension de la physique cométaire. Citons ensuite l'exploration du Soleil avec SOHO, en collaboration avec la NASA, puis

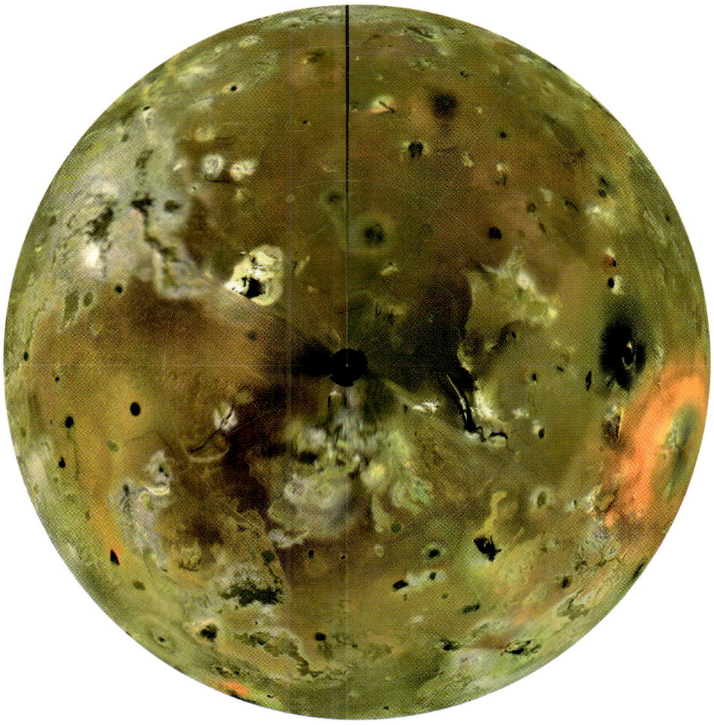

l'étude de la magnétosphère terrestre avec la mission Cluster, celle de Saturne et de son satellite Titan avec la mission Cassini-Huygens, avec la NASA, et enfin, plus récemment, les missions Mars Express et Venus Express qui explorent les planètes voisines de la Terre.

Quels sont aujourd'hui les grands enjeux de l'exploration spatiale planétaire ? Tout d'abord, comprendre l'origine et l'évolution des objets du système solaire. Une attention particulière est portée à l'histoire de Mars, aux planètes géantes et à leur système, ainsi qu'aux comètes, qui constituent les objets les plus primitifs que nous connaissions. Ensuite, comprendre l'évolution comparative des planètes telluriques et de la Terre, pour mieux appréhender des mécanismes tels que l'effet de serre et ses conséquences possibles sur l'évolution du climat terrestre. Enfin, mieux comprendre les mécanismes physiques à toutes les échelles, en particulier les émissions solaires, l'interaction du vent solaire avec la magnétosphère, et leurs conséquences sur l'environnement : c'est la météorologie de l'espace.
Et depuis une douzaine d'années, une nouvelle fenêtre s'est ouverte sur l'Univers, avec la découverte d'exoplanètes. La plupart d'entre elles sont très massives car plus facilement observables, mais, ô surprise, elles sont très souvent à proximité immédiate de leur étoile. Ces systèmes planétaires, très différents de notre système solaire, impliquent des mécanismes de formation différents du nôtre. Aujourd'hui, le défi des astronomes est de détecter des exoplanètes de type terrestre, et c'est le but de la mission spatiale CoRoT lancée par le CNES.
Mais pour demain, avec les exoplanètes qui constituent un nouvel élément dans la démarche de planétologie comparée, l'objectif est de répondre à la question des origines des planètes et de la vie.

Thérèse Encrenaz

↖ **Mise en évidence de la supergranulation à la surface du Soleil.**
Cette carte des mouvements de matière (ascendants en sombre et descendants en brillant) a été réalisée avec l'instrument MDI (Michelson Doppler Imager) embarqué à bord de SOHO. Les supergranules sont de grandes cellules ayant un diamètre d'environ 30 000 kilomètres.

↖ **Image de Saturne et de son satellite Dioné,** prise par Cassini-Huygens. La sonde était à environ 39 000 kilomètres de Dioné. Ce satellite, d'un diamètre de 1 120 kilomètres, est criblé de cratères d'impacts avec à sa surface des traces de glace. Derrière le satellite Dioné, on voit Saturne avec les ombres de ses anneaux.

↑ **Io, satellite de Jupiter,** est le corps du système solaire connaissant la plus grande activité volcanique. Mosaïque provenant de Voyager 1 et de Galileo. Les volcans en activité éjectent de très grandes quantités de laves silicatées et de composés du soufre. Les éruptions peuvent monter à plus de 300 kilomètres d'altitude.

↗ **Jupiter,** prise le 29 décembre 2000 par Cassini-Huygens. La sonde était à une distance approximative de 10 millions de kilomètres de la planète. Cette image est une mosaïque de vingt-sept images et les couleurs restituées sont celles que l'œil humain pourrait voir en regardant Jupiter.

Le 2 décembre 1995, la sonde SOHO (SOlar Heliospheric Observatory) de l'ESA et de la NASA est lancée avec succès. Elle est placée sur une orbite de halo autour du point de Lagrange L1 du système Terre-Soleil. Situé à 1,5 million de kilomètres de la Terre, il correspond au point d'équilibre gravitationnel entre Terre et Soleil. Une douzaine d'instruments, pour une masse de 600 kg, analysent le Soleil 24 heures sur 24, depuis son intérieur jusqu'à son atmosphère étendue.

L'Europe a donné une impulsion décisive à cette aventure avec l'ESA comme maître d'ouvrage de la mission et Matra-Astrium comme chef de projet pour la construction du satellite. Les laboratoires français ont joué un rôle majeur en concevant trois instruments et en participant à la réalisation de deux autres. Citons ici l'Institut d'astrophysique spatiale (INSU-CNRS), l'Institut d'optique, le Laboratoire d'astrophysique de Marseille (INSU-CNRS), le Service d'astrophysique du CEA, le Service d'aéronomie (INSU-CNRS).

Ces instruments ont permis d'obtenir des résultats de tout premier plan. Par sondage sismique, l'instrument GOLF (Global Oscillations at Low Frequencies) a confirmé que la quantité de neutrinos émis par le Soleil est supérieure à celle mesurée antérieurement. Par spectrographie à haute résolution dans l'ultraviolet, l'instrument SUMER (Solar Ultraviolet Measurements of Emitted Radiation) a permis de localiser la source du vent solaire qui se situe très bas dans certaines régions de la couronne, de détecter, sur des échelles de 1 000 kilomètres, des variabilités extrêmes de quelques secondes du Soleil. Par imagerie dans l'extrême ultraviolet, l'instrument EIT (Extreme ultraviolet Imaging

SOHO

(**SO**lar **H**eliospheric **O**bservatory)

Mission	ESA/NASA
Lancement	2 décembre 1995 par une Atlas depuis cap Canaveral aux États-Unis
Masse	1 850 kg
Dimensions	3,8 x 3,6 x 3,65 m
Orbite	Placée au point de Lagrange L 1 à 1 500 000 km
Durée de mission	Nominale 2 ans, prolongée jusqu'en 2013

SOHO

Caprices du Soleil

↓ **Chacune de ces onze images du Soleil** prises par l'instrument EIT sur SOHO a été obtenue l'année indiquée, et l'ensemble couvre pratiquement un cycle solaire d'activité depuis un minimum (1996) jusqu'au minimum du cycle suivant (2006) en passant par le maximum de 2001. Les images représentent l'émission de la couronne solaire où règne une température d'environ deux millions de degrés.

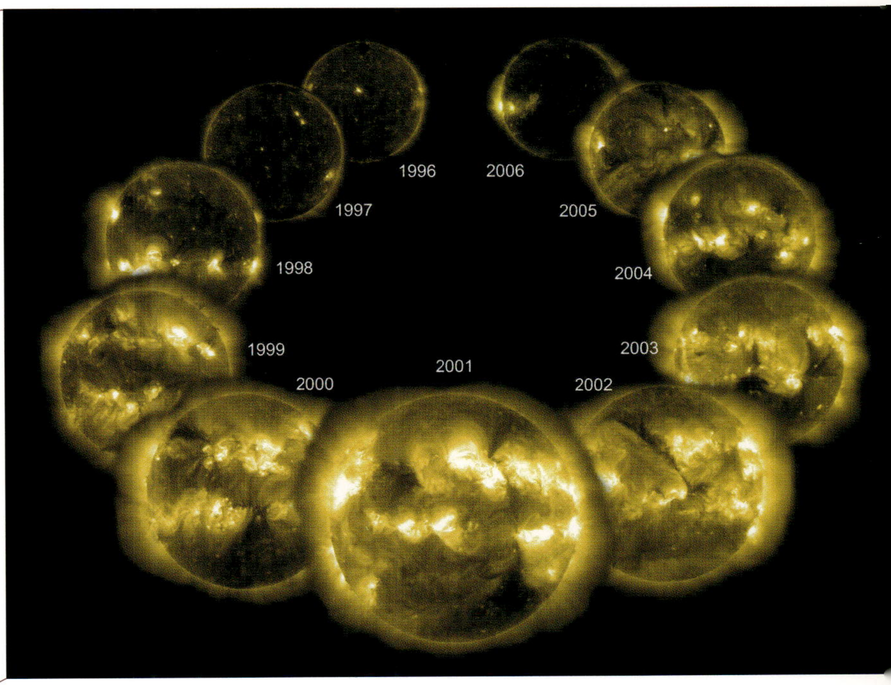

Telescope) a observé le démarrage d'éruptions et d'éjections de masse coronale dont certaines, arrivant à proximité de la Terre, peuvent déclencher des aurores, voire des ruptures de réseaux électriques. Grâce aux coronographes LASCO (Large Angle and Spectrometric Coronagraph), SOHO a permis la découverte d'un peu moins de 1 500 comètes, plus des deux tiers étant identifiées par des astronomes amateurs utilisant la base de données SOHO ! Bel exemple de participation du public à la joie de la découverte scientifique.

Un autre instrument MDI (Michelson Doppler Imager) a permis, par l'analyse des ondes acoustiques qui se propagent à l'intérieur du Soleil, de faire des cartes de température sous les taches solaires et de déceler, sous la surface, de massifs mouvements de matière, de l'équateur vers les pôles avec une vitesse de l'ordre de 20 mètres/seconde…

De façon globale, SOHO a confirmé le rôle essentiel du champ magnétique dans l'atmosphère du Soleil, notamment les manifestations énergétiques importantes qui interviennent quand les lignes de force de ce champ se « reconnectent » sous la poussée des mouvements de matière qui trouvent un nouveau chemin, plus court.

Depuis 1996, SOHO, qui n'est pas protégé par la magnétosphère terrestre, continue d'observer le Soleil en résistant au flot de particules éjectées à des vitesses de plus de 1 000 kilomètres/seconde par notre astre. Durant cette période, des satellites ont été mis en orbite autour de la Terre pour observer notre étoile. Parmi ceux-ci, les satellites de la NASA, TRACE qui complète les observations de EIT et RHESSI qui analyse les éruptions solaires les plus violentes dans le domaine des X et des gamma, ou le satellite japonais HINODE, qui produit d'exceptionnelles cartes du vecteur champ magnétique. Mais les observations obtenues avec SOHO ont permis aux astronomes de réaliser qu'ils avaient besoin d'un nouveau moyen d'observation pour étudier les processus qui sont à la clé des éjections de matière, dites éjections de masse coronale. Pour les comprendre, il est nécessaire de les observer en trois dimensions. C'est l'objectif de la mission STEREO de la NASA à laquelle le Laboratoire d'études spatiales et d'instrumentation en astrophysique (INSU-CNRS), l'IAS, l'Institut d'optique et le Centre d'étude spatiale des rayonnements (INSU-CNRS) participent. Il s'agit de deux sondes lancées le 25 octobre 2006, observant le Soleil sous des angles différents, l'une plus proche et prenant de l'avance sur la Terre, l'autre plus éloignée du Soleil et prenant du retard. Elles constituent ainsi deux yeux qui, au mois de mars 2008, observaient le Soleil sous un angle de 50 degrés.

La mission suivante, Solar Dynamics Observatory (SDO), toujours de la NASA, sera, elle, installée à poste sur orbite géosynchrone dès le 31 décembre 2008. SDO transmettra les données sur les émissions lumineuses du Soleil, 24 heures sur 24, 7 jours sur 7 au terrifiant débit de 140 mégabits/seconde… Il s'agira ainsi de la première mission opérationnelle de « météorologie de l'espace ».

Pour le futur, le CNES lancera en 2009 le microsatellite Picard pour la mesure du diamètre du Soleil et l'étude de sa structure interne. En 2015, l'ESA envisage la mission Solar Orbiter qui s'approchera à quelque 30 millions de kilomètres du Soleil, alors que la NASA enverra une sonde à quelques millions de kilomètres seulement de sa surface.

En attendant, alors que le Soleil entame un nouveau cycle d'activité avec son pic vers 2011-2012, SOHO, qui était prévu initialement pour ne fonctionner que deux ans, reste fidèle au poste avec sa batterie d'instruments uniques. Il est donc prévu de le maintenir en opérations – même ralenties – jusqu'en 2013 au moins.

Cela fera alors presque vingt ans d'observation continue de notre étoile, le Soleil.

Jean-Claude Vial

↑ **Image du Soleil prise avec l'instrument EIT.**
La multitude de petits points sur le cliché provient de l'impact sur le détecteur des protons présents dans le vent solaire lorsque celui-ci arrive sur SOHO.

↓ **Le satellite européen SOHO en cours d'intégration.**

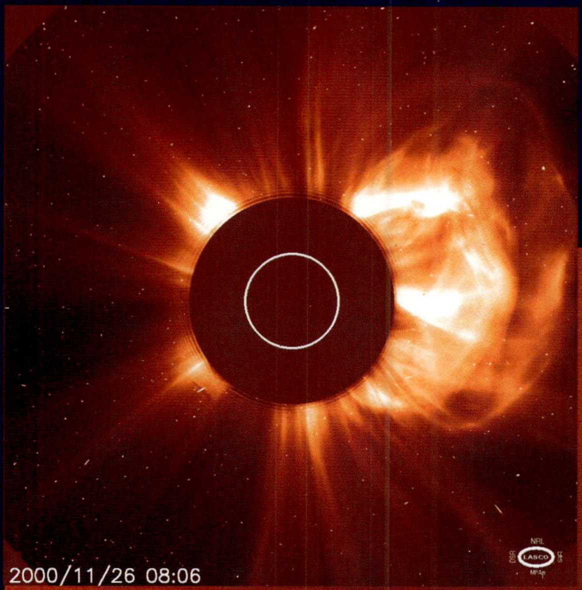

Image d'une éjection de masse coronale obtenue avec l'instrument LASCO (Large Angle and Spectrometric COronograph). Une éjection de masse coronale est un phénomène extrêmement violent pouvant conduire à l'éjection de milliards de tonnes de matière, susceptible d'atteindre la Terre.

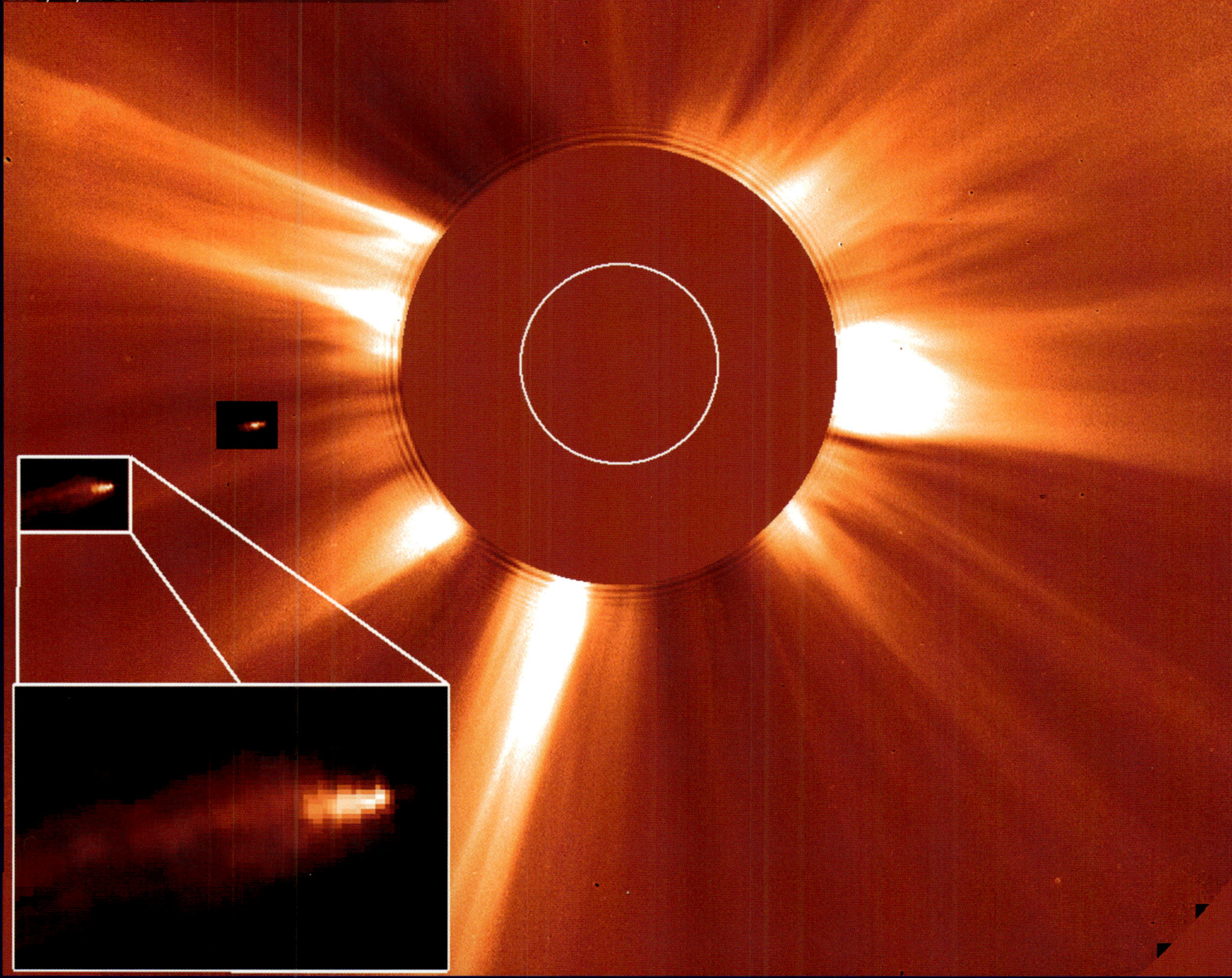

Image du Soleil et de sa couronne prise avec l'instrument LASCO. Sur ce cliché a été mise en évidence une comète, la comète C/2001 C2, dont les images obtenues avec l'Ultraviolet Coronagraph Spectrometer font apparaître les détails dans les deux encarts.

À QUELQUES CENTAINES DE KILOMÈTRES D'ALTITUDE, l'atmosphère terrestre, sous l'effet des rayons ultraviolets solaires, devient ionisée, composée d'électrons et d'ions. Ce gaz ionisé, ou plasma, ne peut subir de collision car très dilué, et ses mouvements suivent les lignes de force du champ magnétique formant la magnétosphère terrestre. De son côté, le Soleil émet un flot de particules ionisées (plasma) formant le vent solaire qui, se propageant à des vitesses de 400 à 800 kilomètres/seconde, rencontre la magnétosphère terrestre et donc le plasma qui y est piégé. Le milieu étant peu dense, le choc est non collisionnel.

Comprendre les phénomènes physiques qui prévalent dans ces régions, à l'interface de deux plasmas, est un élément clé pour comprendre l'environnement des autres planètes (planétologie comparative), mais aussi d'étoiles où l'on retrouve la même problématique de l'interaction entre deux plasmas en présence de champs magnétiques, notre environnement servant de laboratoire pour comprendre des systèmes astrophysiques lointains. À plus long terme, il s'agit de prévoir l'influence de l'activité solaire sur notre environnement : la météorologie spatiale.

Au début des années 1980, plusieurs missions avaient étudié la magnétosphère et le vent solaire proche, mais de nombreuses questions n'étaient pas résolues. Quelle est la nature et le rôle du choc à l'avant de la magnétosphère ? Comment les particules sont-elles fortement accélérées du côté nuit de la magnétosphère, puis précipitées vers l'atmosphère, donnant lieu aux phénomènes bien connus que sont les aurores boréales et australes ? Une autre question concerne le fait que la magnétopause n'est pas étanche

Cluster

Mission	ESA
Lancement	Deux par deux, les 16 juillet et 9 août 2000 par un Soyouz depuis Baïkonour au Kazakhstan
Masse	300 kg
Dimension	2,9 x 1,3 m
Orbite	Située respectivement à 4 et 19,6 rayons terrestres
Durée de mission	Nominale 2 ans, toujours en service

CLUSTER

Souffles de vents solaires

↑ **Aurore boréale sur l'île de Svalbard (Norvège).**
L'antenne radar de 42 mètres de diamètre au premier plan est un des instruments de l'association scientifique EISCAT (European Incoherent SCATter).
Ces instruments permettent l'étude depuis le sol de l'interaction des particules du vent solaire avec la magnétosphère et la haute atmosphère terrestres.
Ce type d'instrument est un complément aux instruments spatiaux tel Cluster.

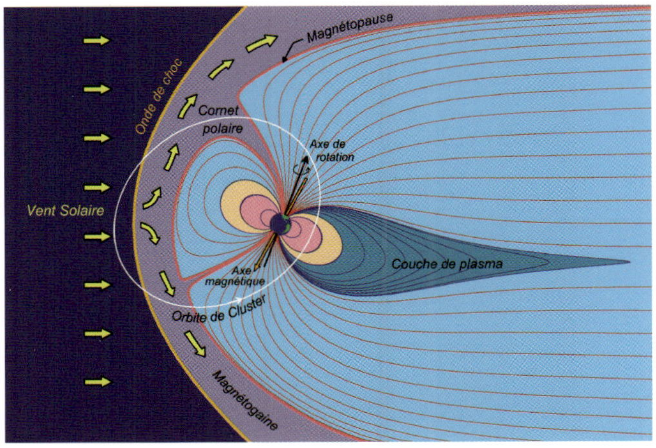

← **Interaction du vent solaire avec la magnétosphère terrestre.**
L'orbite de Cluster est en blanc. La majeure partie du plasma constituant le vent solaire va s'écouler autour de la Terre, guidée par les lignes de force du champ magnétique, pour revenir ensuite du côté nuit. Le positionnement des satellites Cluster dans et hors de la magnétosphère permet d'étudier l'interaction du vent solaire avec notre planète, mais surtout d'analyser le comportement des particules du vent solaire et les transferts d'énergie entre elles.

aux particules du vent solaire. S'agit-il de fluctuations à grandes ou petites échelles de la magnétopause, permettant aux particules de diffuser au travers ? Cette diffusion se fait-elle par reconnexion entre les lignes de champs magnétiques solaires et terrestres, ou par création de tubes de flux magnétique passant d'une région à l'autre ? En fait, il s'agit de comprendre, dans des plasmas chauds et dilués, comment s'effectuent les transferts d'énergie entre populations de particules, et ce sans collision, ainsi que leur transport à travers des frontières étanches.

Le milieu étant variable dans l'espace et le temps, pour comprendre les phénomènes physiques s'y déroulant, on se doit de disposer de différents points de mesure, permettant la séparation entre effets spatiaux et effets temporels. D'où l'idée de faire des mesures avec quatre satellites, trois dessinant le plan, le quatrième en dehors du plan pour avoir une vue en trois dimensions. C'est ainsi qu'est né le projet Essaim qui, fondu avec un projet allemand, devint le projet Cluster sélectionné par l'ESA. Les objectifs de la mission Cluster sont l'étude *in situ* des processus physiques qui déterminent les transferts de masse, énergie et impulsion à travers les régions frontières entre deux plasmas, en particulier l'interface vent solaire/magnétosphère.

L'orbite définie des quatre satellites est polaire afin d'étudier les cornets polaires, un périgée de 4 rayons terrestres et un apogée de 19,6 rayons terrestres. La quantité de carburant embarquée a été dimensionnée pour que la séparation entre les quatre satellites puisse être ajustée deux fois par an et varier de 100 kilomètres à 20 000 kilomètres au cours de la mission, initialement prévue pour deux ans. Onze expériences sont sélectionnées en mars 1988. Après l'échec du lancement d'Ariane 5 en 1996 qui transportait Cluster, l'ESA a décidé de refaire à l'identique le projet. Le 16 juillet et le 9 août 2000, les quatre satellites sont lancés deux par deux, par des fusées Soyouz.

Parmi les onze expériences, trois sont sous la responsabilité scientifique française : CIS (Cluster Ion Spectrometry) pour la mesure des ions afin de déterminer leur densité, température, vitesse et composition ionique, STAFF (Spatio Temporal Analysis of Field Fluctuations) pour l'étude des fluctuations de basse fréquence et WHISPER (Waves of HIgh frequency and Sounder for Probing of Electron density by Relaxation) pour l'analyse des champs électriques à plus haute fréquence et la mesure active de la densité électronique par la méthode de sondage à relaxation. Pour recombiner ces mesures, une base de données répartie, accessible à tous les scientifiques impliqués dans la mission, est mise en place. Prévus pour fonctionner deux ans, en 2008 les quatre satellites sont encore parfaitement opérationnels.

Cluster a permis une moisson de résultats importants. Des analyses de turbulences en trois dimensions ont été faites pour la première fois dans un plasma spatial, ce dans la magnétogaine, milieu fortement hétérogène. Le rôle important des cornets polaires dans les processus de transfert de masse, énergie et impulsion entre le vent solaire et la magnétosphère a pu être mis en évidence. Les différents mécanismes expliquant le transfert de particules à travers la magnétopause ne sont pas concurrentiels mais coexistent. Se situant dans des échelles spatiales différentes, la configuration de vol des quatre satellites Cluster a mis en évidence ces différents mécanismes au cours de phases successives de la mission, sans toutefois expliciter leurs couplages. Pour résoudre ce problème, une nouvelle mission, Cross-scale, présélectionnée par l'ESA, combinerait trois échelles spatiales en même temps, à l'aide d'un minimum de dix satellites. Ce projet se ferait en coopération avec l'agence spatiale japonaise JAXA.

Nicole Cornilleau-Werhlin

↑ Aurore boréale sur l'île de Svalbard en Norvège.

↑ Montage photographique des aurores observées sur Terre, Jupiter et Saturne.

Montage permettant de visualiser l'impact d'une éjection de masse coronale (CME) au niveau de l'environnement terrestre.
L'image de la CME a été réalisée avec la superposition de clichés obtenus avec les instruments EIT et LASCO équipant le satellite SOHO. Deux jours plus tard, cette éjection de matière, principalement constituée d'ions, d'électrons et de protons, arrive à proximité de la Terre où elle glisse le long des lignes du champ magnétique terrestre (lignes en bleu) formant la magnétosphère.

Regards de

Christian Jacquey,
astronome, directeur du Centre de données physiques des plasmas

→ Protubérance solaire observée avec l'instrument EIT (Extremely utraviolet Imaging Telescope) installé bord de SOHO.

Non loin du CNES de Toulouse, un laboratoire du CNRS vit au rythme des vents solaires, des orages magnétiques et des aurores boréales. Son sujet d'étude : la magnétosphère. Sa discipline : la physique des plasmas... Ces astronomes s'intéressent de près à ces vents solaires soufflant des particules chargées d'ions et d'électrons. Elles constituent un plasma (gaz ionisé) qui vient heurter le champ magnétique de la Terre, cet écran qui protège notre planète contre les particules du vent solaire qui sont nocives pour la vie en produisant lui aussi du plasma. L'étude de la magnétosphère consiste à examiner de près ces zones de haute perturbation où de nombreux phénomènes étranges se produisent. « Ma spécialité, c'est l'analyse des données sur la magnétosphère », explique Christian Jacquey, responsable du Centre de données physiques des plasmas (CDPP) depuis 2005. « Pour étudier ce milieu instable, il est nécessaire que plusieurs satellites surveillent la magnétosphère : Cluster, Polar, Thémis, etc. Ces données sont complétées par celles fournies par les stations d'observation au sol installées aux pôles. Elles permettent ainsi d'avoir une projection globale de ce qui se passe dans la magnétosphère, d'en faire une sorte de cartographie à partir des mouvements du champ magnétique. » Le rôle de ce centre national, créé par le CNES et l'INSU, est de récupérer, gérer, archiver ce type de données dans le but de les préserver et de les mettre à disposition de la communauté scientifique. « Sa mission est aussi d'en faire une description standardisée pour en faciliter l'exploitation par l'ensemble de la communauté scientifique avec la mise en place d'outils d'exploitation des données. »

Pour étudier ce milieu instable, il est nécessaire que plusieurs satellites surveillent la magnétosphère : Cluster, Polar, Thémis, etc.

Ainsi, grâce au service AMDA (Automated Multi Dataset Analysis) conçu par le CDPP, un utilisateur peut accéder à des informations précises en croisant des données d'origines très différentes et les récupérer dans une base qu'il peut se constituer. Cette démarche rejoint le travail de standardisation des données amorcé au niveau international et poursuivit avec le consortium SPASE (Space Physics Archive Search and Extract). C'est sur cette base que se construit l'Observatoire international virtuel de la discipline dont l'objectif est la mise en place d'un moteur de recherche commun aux différents observatoires surveillant cette magnétosphère.
En quelques clics d'ordinateur, le chercheur a la tête dans cet espace qui constitue pour lui « un véritable laboratoire grandeur nature pour la connaissance de cette physique du plasma encore assez mal connue ». La compréhension de ces phénomènes est également hautement stratégique pour l'activité du secteur spatial dans son ensemble. « Les perturbations dans la magnétosphère provoquent de grosses perturbations sur les instruments des satellites et peuvent avoir des impacts directs sur les communications radio ou le GPS. L'idée est donc d'anticiper le *space weather*, cette météorologie de l'espace qui permet de faire fonctionner au mieux l'électronique embarquée. » Mais le but ultime de ces observations est de mieux connaître cette physique de l'environnement spatial, d'analyser les cycles solaires et leurs fréquences mais aussi d'examiner les répercussions possibles sur l'équilibre de notre atmosphère.

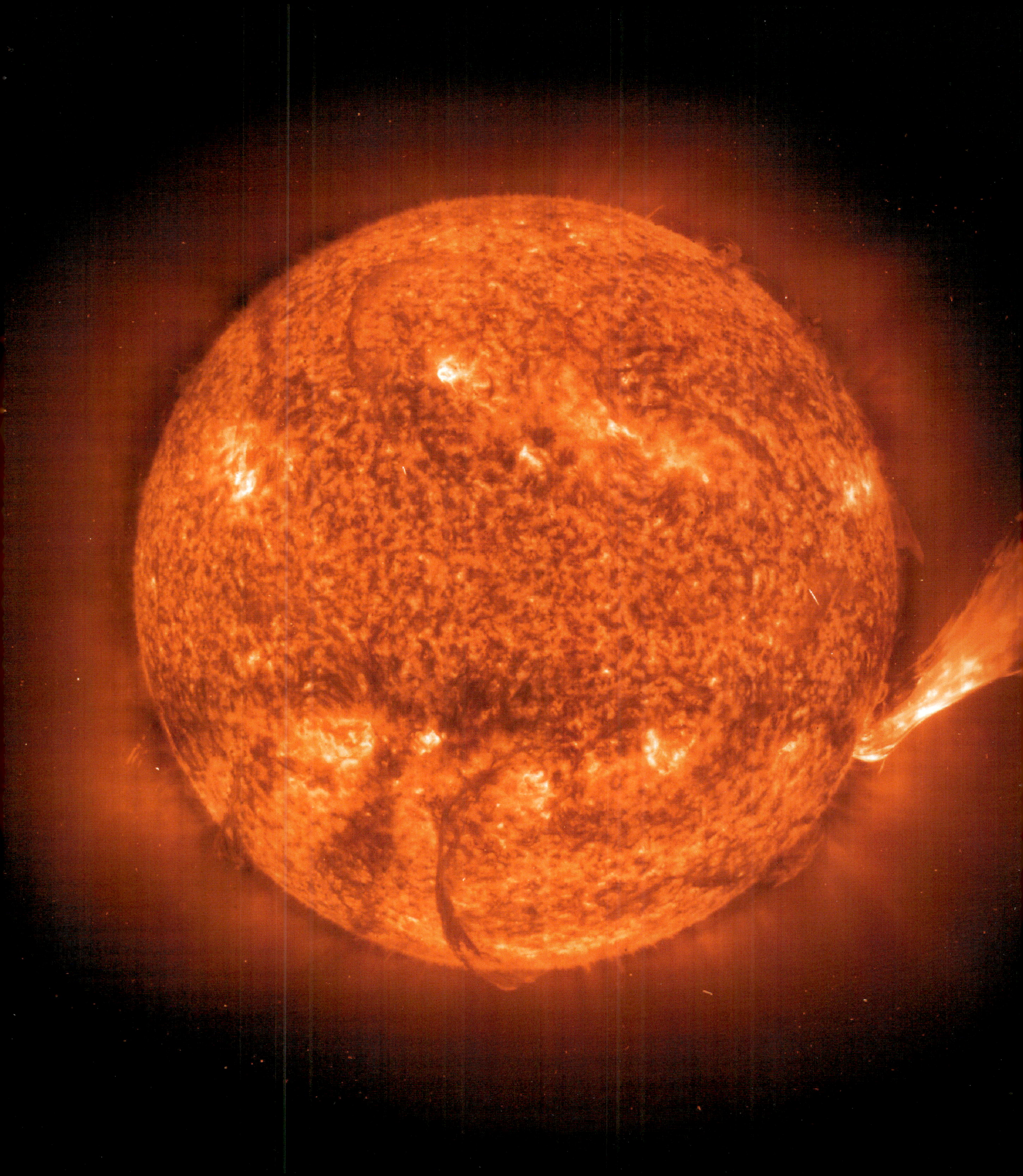

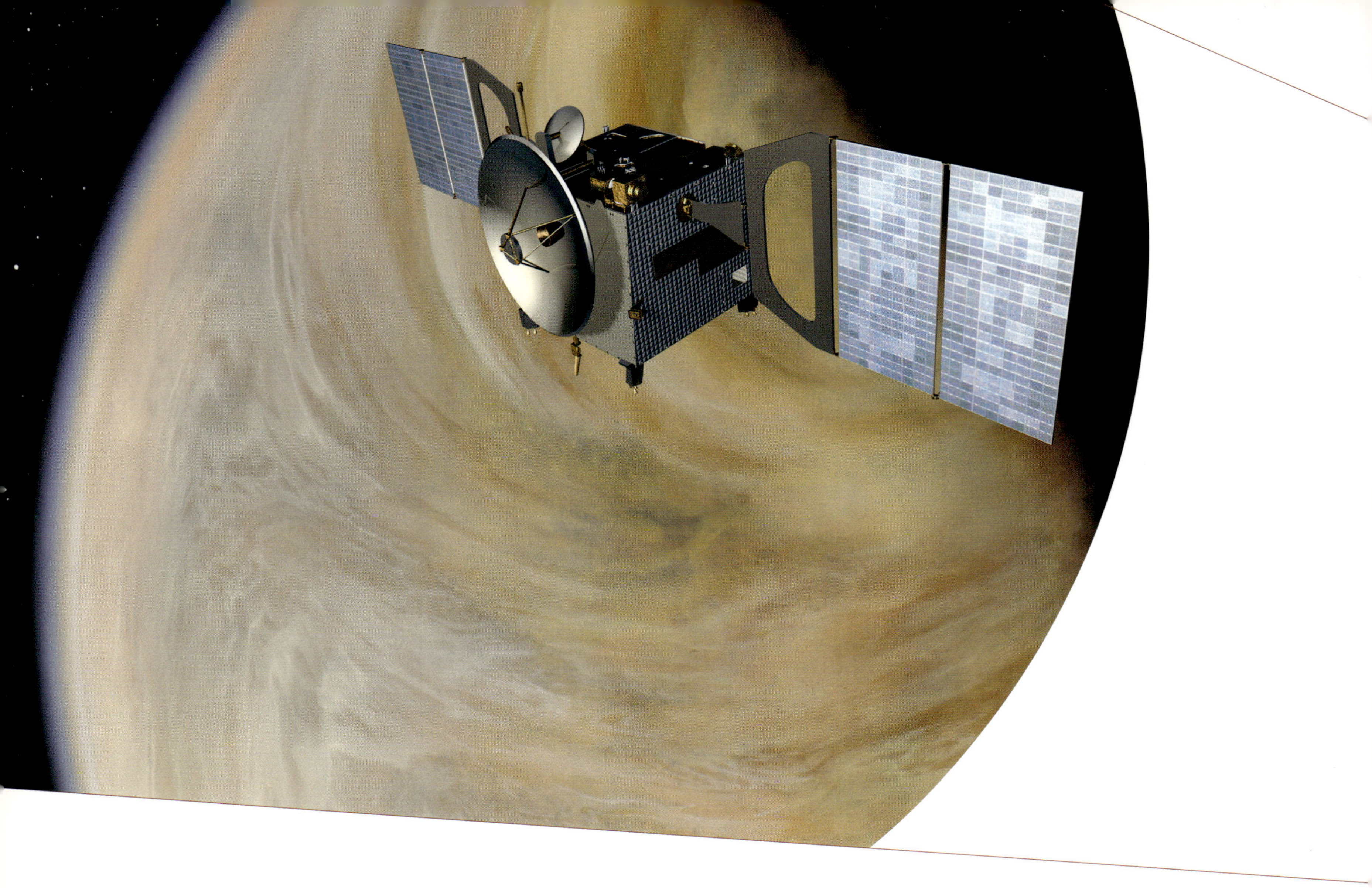

CONTEMPLER UN COUCHER DE SOLEIL : Venus Express le fait souvent, mais n'a guère le temps de s'y attarder. Son programme chargé l'oblige rapidement à s'incliner dans une autre orientation, pour observer le côté nuit de la planète. Ce n'est pas la nuit noire. Le sol de la planète, à 470 °C, émet de l'infrarouge proche (on dit même que l'œil humain pourrait le détecter), dont une partie parvient à traverser la couche dense de nuages constitués de gouttelettes d'acide sulfurique concentré. Cette émission du sol et de la basse atmosphère passe dans des « fenêtres » spectrales de transparence atmosphérique à 0,8 ; 1,0-1,2 ; 1,74 ; 2,3 µm, et nous renseigne sur ce qui se passe en dessous des nuages (40 à 60 kilomètres d'altitude). Le gaz carbonique (CO_2) et la vapeur d'eau bloquent le reste du spectre infrarouge et le renvoient en grande partie vers le sol dans un formidable effet de serre. On cherche aussi à déterminer l'existence d'une activité volcanique, qui se manifesterait par des points chauds, gros émetteurs d'infrarouge. Il faut en effet expliquer la présence permanente du dioxyde de soufre (SO_2) dans l'atmosphère, qui, en se combinant avec le peu de vapeur d'eau qui s'y trouve, produit l'acide sulfurique des nuages.

Venus Express

Mission	ESA
Lancement	9 novembre 2005 par un Soyouz-Fregat depuis Baïkonour au Kazakhstan
Masse	1 270 kg
Dimensions	1,7 x 1,7 x 1,4 m
Orbite	Polaire autour de Vénus, péricentre 250 km et apocentre : 66 000 km
Durée de mission	Nominale environ 500 jours soit l'équivalent de 2 jours vénusiens, prolongée jusqu'en mai 2009

VENUS EXPRESS

Les mystères de la planète brûlante

↗ **Vénus vue en ultraviolet par le spectromètre imageur VIRTIS de Venus Express.**
Cette image du côté jour de Vénus a été prise à une distance de 190 000 kilomètres, le 19 avril 2006, durant la mise en orbite de la sonde autour de la planète.

Venus Express est doté de cette agilité indispensable, qui lui permet tour à tour d'orienter les instruments optiques dans les directions souhaitées, ou d'orienter son antenne de communication vers la Terre. Sur son orbite de 24 heures, son programme de travail est calqué sur les activités humaines sur Terre, et les contrôleurs au sol ne sauraient se plaindre de ce choix qui leur permet une vie presque normale. Étant donné la distance à la Terre, le dialogue rapide avec Venus Express est impossible (aller-retour d'une demi-heure) et le satellite doit savoir se tirer d'affaire tout seul, en cas d'imprévu. Capable, lors d'un incident, de se mettre en « mode de survie », il s'oriente vers le Soleil pour recharger ses batteries, puis l'opération faite il pointe son antenne vers la Terre pour communiquer son histoire, et attendre les prochaines instructions. C'est déjà arrivé six fois, et le satellite a pu reprendre son travail d'observations scientifiques. L'agilité de Venus Express lui permet, par exemple, de s'orienter pour voir constamment le limbe à 100 kilomètres, bien que l'orbite soit fortement elliptique : 250 kilomètres au péricentre, 66 000 kilomètres à l'apocentre. Dans ce mode de surveillance du limbe du côté nuit, on détecte des émissions lumineuses du dioxygène (O_2) et du monoxyde d'azote (NO), qui se produisent au moment de la recombinaison des atomes d'oxygène (O) et d'azote (N). Ceux-ci sont produits du côté jour par le Soleil qui casse les molécules de CO_2 et de diazote (N_2) à plus de 120 kilomètres d'altitude. O et N sont entraînés vers la nuit, dans une vaste circulation qui s'établit du point subsolaire à son opposé. Du côté nuit, l'air descend, la densité augmente, et les recombinaisons se multiplient, ainsi que les émissions de O_2 qui sont observées par le spectromètre-imageur VIRTIS (Visible and InfraRed Thermal Imaging Spectrometer) à 1,27 µm et de NO dans l'UV, observées par le spectromètre SPICAV (Spectroscopy for Investigation of Characteristics of the Atmosphere of Venus). La cartographie de ces émissions est très variable, à l'échelle de l'heure. SPICAV a détecté le réchauffement par compression de l'air descendant à une altitude de 100-120 kilomètres. Ce phénomène a lieu dans une région nocturne que l'on pensait si froide qu'elle était appelée « cryosphère ». C'est en observant une étoile se coucher derrière l'horizon et en notant comment son spectre diminue par l'absorption de l'atmosphère et des brumes d'altitude, que l'on peut mesurer la transparence horizontale de l'atmosphère, et en déduire la distribution verticale du CO_2 et sa température. Une surprise a été de trouver du SO_2 jusque vers 100 kilomètres d'altitude du côté nuit, avec une quantité variable à l'échelle de quelques semaines.

Cette méthode de sondage par occultation stellaire est appliquée avec le Soleil. Il est observé par une entrée latérale afin de ne pas éblouir les instruments d'optique. Ainsi, le spectromètre SOIR a pu déterminer, grâce à sa très haute résolution spectrale (champion du monde hors Terre), la quantité de vapeur d'eau lourde HDO, contenant un atome de deutérium D (isotope naturel de l'hydrogène) de 70 à 100 kilomètres d'altitude, en même temps que la vapeur d'eau H_2O. Sur la Terre, HDO est un isotope rare. On en trouve deux cent cinquante fois plus dans Vénus, ce qui s'explique par un échappement plus facile de H que de D, au cours de l'évolution de cette planète sœur de la Terre. Le fait de trouver du HDO à haute altitude renforce le scénario plausible dans lequel Vénus s'est formée avec à peu près autant d'eau que sur la Terre. Mais avec deux fois plus d'énergie solaire et une épaisse atmosphère de CO_2, un effet de serre divergent a fait évaporer toute l'eau de Vénus, dont les éléments se sont échappés au cours du temps. Sans doute un signal fort aux terriens, qui commencent à comprendre que le subtil équilibre du climat de leur planète peut changer facilement sous l'effet de leur propre action, et pas forcément dans le bon sens.

↗ → **Tests et contrôles sur Venus Express effectués en salle blanche chez Thales Alenia Space.**

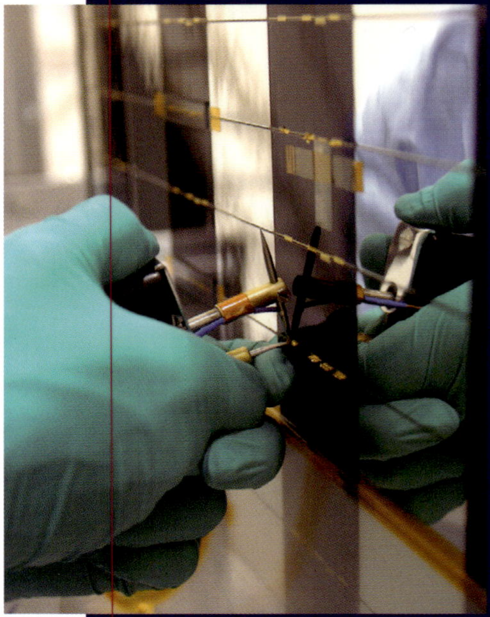

Jean-Loup Bertaux

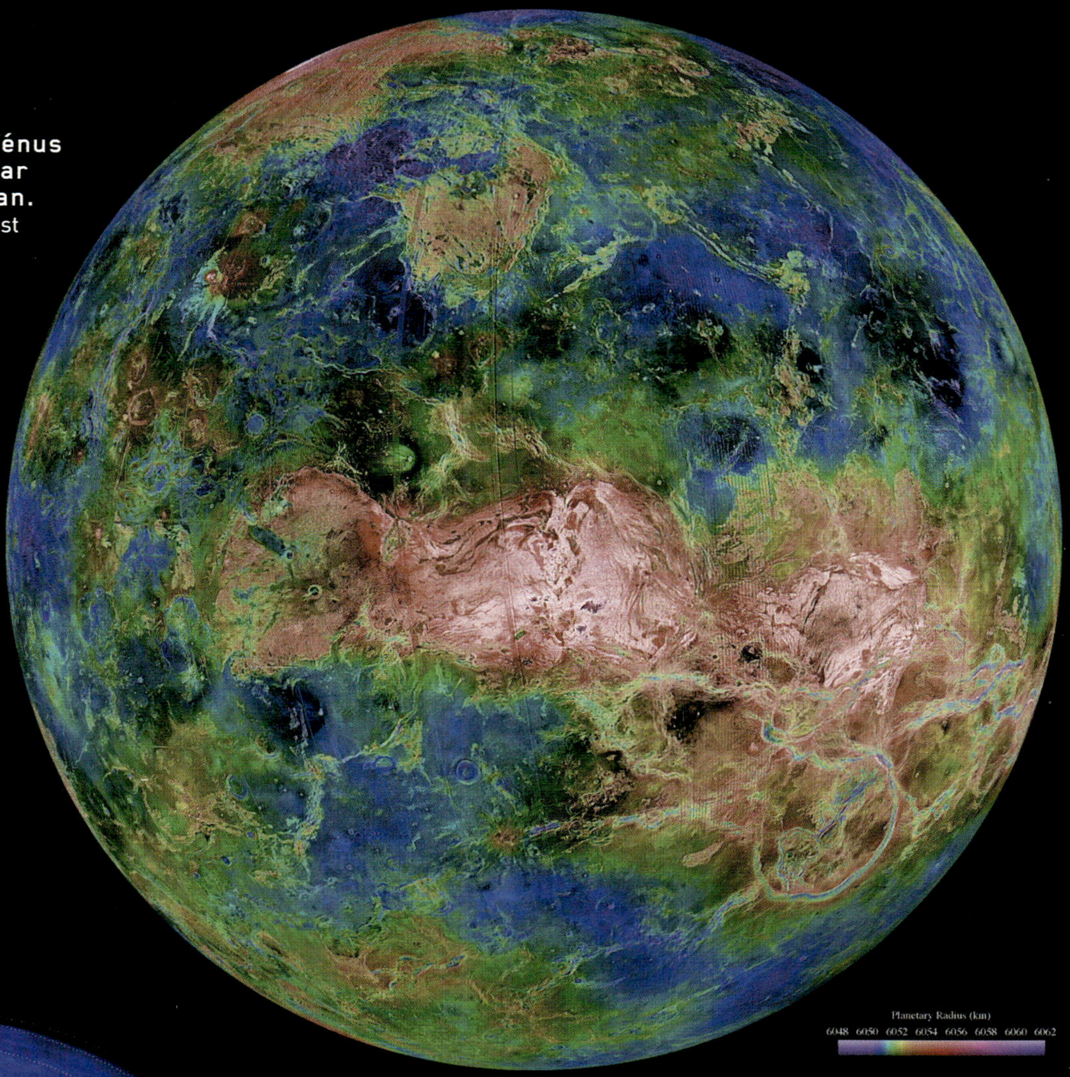

La surface de Vénus vue en imagerie radar par la sonde Magellan. La résolution de l'image est d'environ 3 kilomètres.

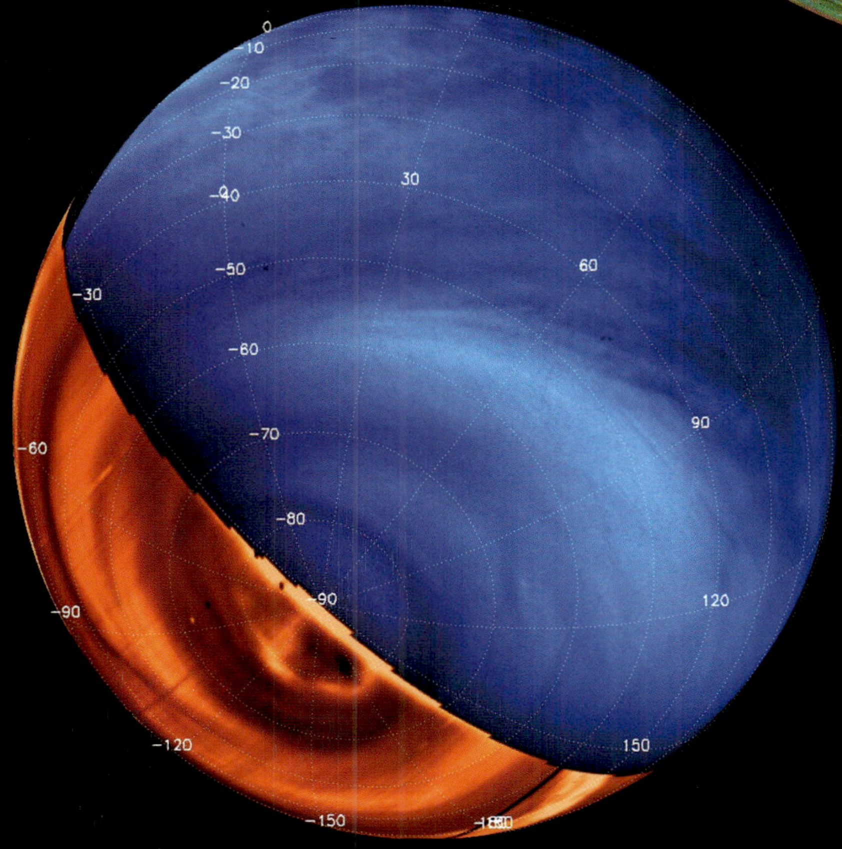

Vénus vue par Venus Express. La partie supérieure est prise dans le domaine ultraviolet et présente le côté jour de Vénus, la lumière du Soleil se réfléchissant sur l'atmosphère. La partie inférieure est prise dans le domaine infrarouge du côté nuit de Vénus et permet de mettre en évidence les structures complexes de l'atmosphère vénusienne.

Regards de

Pierre Drossart,
directeur de recherche au CNRS, Laboratoire d'études spatiales et d'instrumentation en astrophysique (LESIA, Observatoire de Paris, INSU-CNRS)

→ Test d'illumination de Venus Express à l'ESA à Noordwijk aux Pays-Bas.

Au cœur de l'Observatoire de Paris à Meudon, à proximité de la coupole de la grande lunette historique, se trouve le Laboratoire d'études spatiales et d'instrumentation en astrophysique (LESIA) où travaille Pierre Drossart. Cet astrophysicien s'intéresse de près à l'analyse des planètes qui, comme la Terre, possèdent une atmosphère. Une partie de son activité consiste à développer des instruments capables d'aider à la mise en place de modèles météorologiques. Pour le compte de l'ESA, ce laboratoire a donc conçu en partenariat avec un laboratoire italien l'instrument VIRTIS (Visible and InfraRed Thermal Imaging Spectrometer), l'un des sept instruments qui composent la charge utile de Venus Express. Il s'agit d'un spectro-imageur à trois voies : visible et infrarouge en spectro-imagerie plus infrarouge en spectroscopie haute résolution, permettant d'analyser toutes les couches de l'atmosphère vénusienne, la température de surface (elle peut atteindre plus de 450 degrés !) et les interactions entre la surface et l'atmosphère.

« Cette mission était un peu particulière dans son déroulement, car nous avons configuré un instrument que nous avions conçu pour la mission Rosetta en l'adaptant aux contraintes de Vénus. » L'instrument fonctionne avec un système de refroidissement, qui le maintient à – 115 °C. La compétence acquise par les laboratoires sur la mission Rosetta a été payante puisque la préparation de la mission Venus Express n'aura duré que trois ans, de 2002 à 2005, mobilisant une équipe de 80 ingénieurs et chercheurs de toutes nationalités.

« La recherche spatiale requiert une coopération de longue haleine entre les équipes et une grande rigueur à chaque étape du projet pour mettre en œuvre la complémentarité des travaux. Pour cet outil, par exemple, toutes les études de calibration de l'instrument ont été réalisées à l'Institut d'astrophysique spatiale d'Orsay et le laboratoire a réalisé entièrement une des voies du système qui a été intégrée et assemblée par un industriel italien du secteur spatial, Galileo Avionica, sous la supervision de l'Institut d'Astrofisica spaziale de Rome. » Depuis son arrivée en orbite, les chercheurs découvrent avec émotion les premiers résultats envoyés par les instruments de Venus Express. « Nous pouvons effectuer des observations systématiques de la couverture nuageuse globale de jour comme de nuit et l'étude des variations de la composition de l'atmosphère sur une longue période. » Ces données servent à mettre en place des modèles météorologiques permettant de reconstituer l'évolution climatologique de Vénus. « Toutes ces études nous intéressent en premier lieu, nous les terriens, car elles fournissent la possibilité de faire de la planétologie comparée et de retracer ainsi l'histoire de notre système solaire. On peut ainsi essayer de comprendre pourquoi et comment les océans ont disparu de Vénus. »

La possibilité de faire de la planétologie comparée

De fait, ces observations donnent des informations nouvelles sur l'évolution de notre planète au sein du système solaire.

« En quarante ans, une vraie révolution s'est produite dans l'astronomie. Après les premières vagues d'exploration des sondes, l'étude sur les planètes du système solaire s'est affinée grâce aux données accumulées par les satellites et les apports des sciences de la Terre. » Déjà, le laboratoire se penche sur la prochaine génération de détecteurs avec des technologies qui évoluent à grande vitesse et qui se miniaturisent… Une nouvelle mission est en vue : la sonde BepiColombo, qui partira vers Mercure à l'horizon de 2013. Une broutille, car n'a-t-on pas l'habitude de compter en milliards d'années chez les astronomes ?

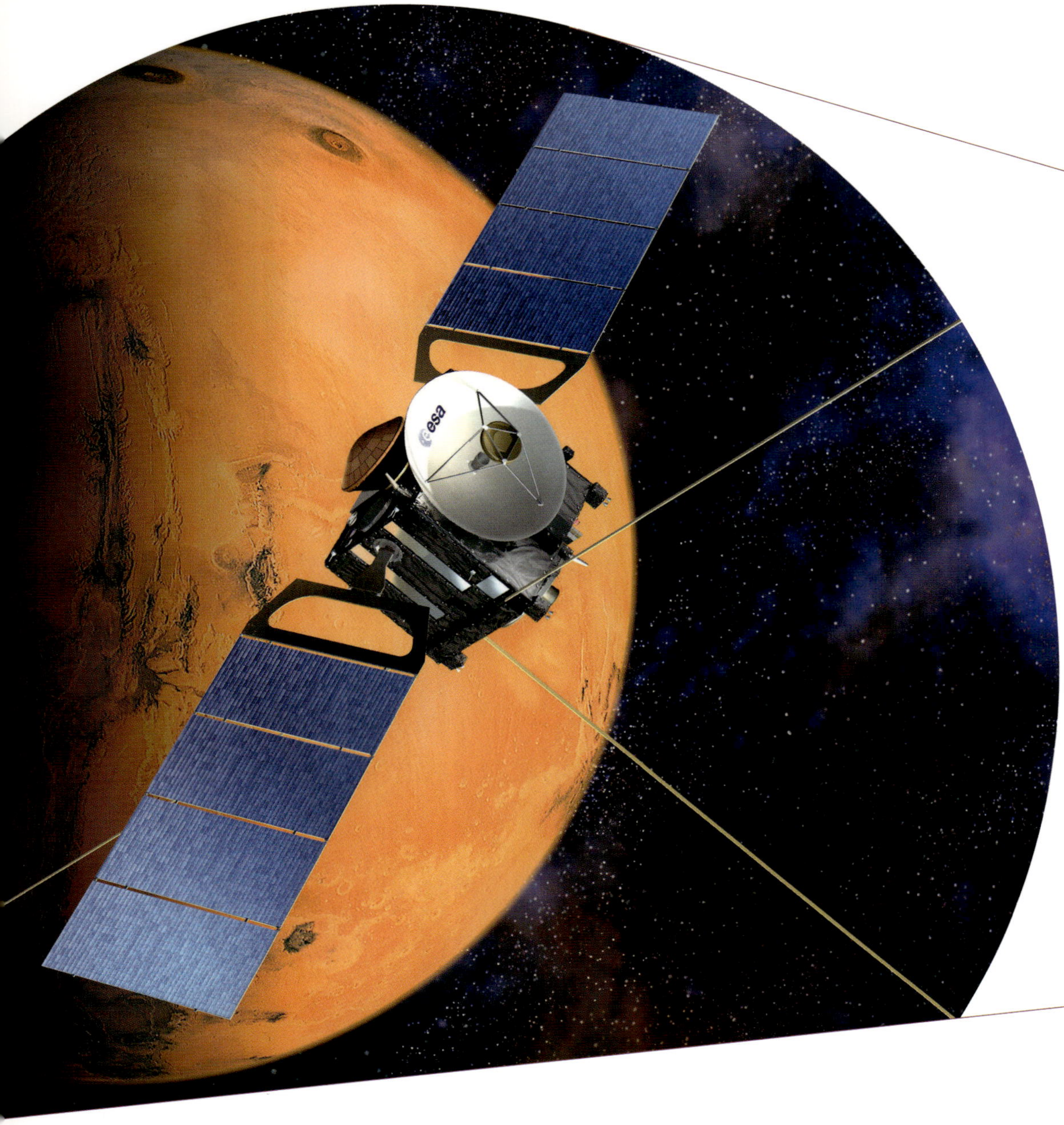

JUSQU'À L'AUBE DE L'ÈRE SPATIALE, les observations télescopiques de Mars permettaient de discerner l'apparition récurrente de structures colorées, couplée à l'existence de saisons attestées par l'évolution des calottes polaires : rien n'empêchait d'interpréter ces observations comme relevant de la variation saisonnière de végétation. Les premières missions spatiales, américaines et soviétiques, allaient offrir de Mars une vision tout autre, celle d'un objet aujourd'hui totalement désertique, qu'une atmosphère très ténue protège peu contre le rayonnement solaire. Pour autant, une grande variété de formations indique que, par le passé, Mars a connu une forte activité interne, dont témoignent en particulier des volcans géants, aujourd'hui éteints ; plus intrigantes encore, des structures fluviatiles et des vallées de débâcle, aujourd'hui asséchées, semblent traduire un ancien cycle de l'eau aux similitudes franches avec leurs pendants terrestres. Mars aurait-elle connu, dans son passé, des conditions ayant permis la stabilité de l'eau liquide sur de longues périodes ? Cela a-t-il suffi pour que la vie y émerge ? Quand, comment et pourquoi les évolutions de Mars et de la Terre ont-elles divergé ? Quels sont les processus qui rendent compte de l'évolution de Mars, des variations climatiques et géologiques aux changements saisonniers ? En quoi les réponses à ces questions peuvent-elles contribuer, dans cette démarche de

Mars Express

Mission	ESA
Lancement	2 juin 2003 par un Soyouz-Fregat depuis Baïkonour au Kazakhstan
Masse	1 108 kg
Dimensions	1,5 x 1,8 x 1,4 m
Orbite	Autour de Mars 260 x 11 500 km
Durée de mission	Nominale 2 ans, toujours en service

MARS EXPRESS

Variations martiennes

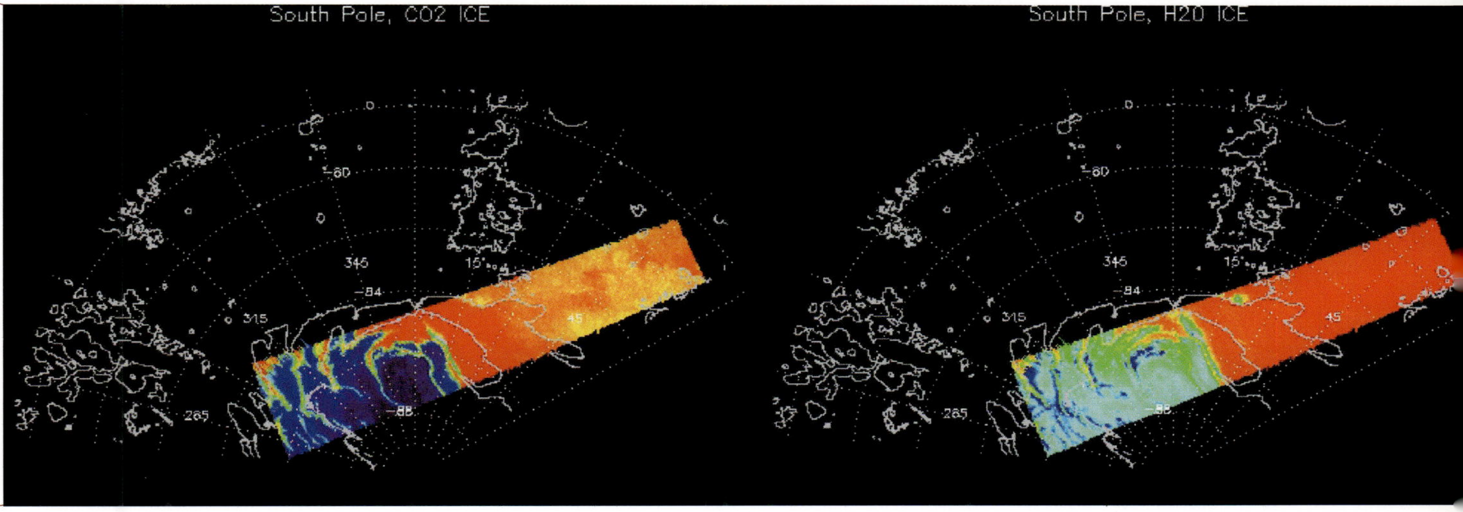

↑ **Cartes des glaces de CO_2 et de H_2O au pôle Sud de Mars réalisées avec le spectromètre-imageur OMEGA.**
À gauche, absorption de CO_2 (bleu : absorption forte ; marron : sans CO_2). À droite, la signature de glace H_2O avec le même codage. La comparaison montre que l'extension de la glace d'eau est plus importante que la glace de dioxyde de carbone.

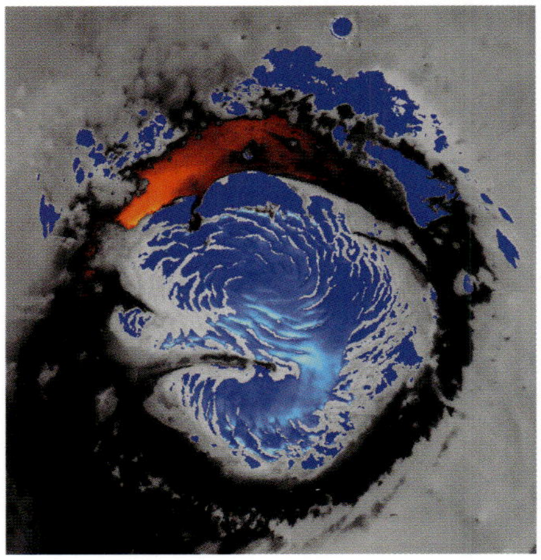

↑ **Détection au pôle Nord de gypse par le spectromètre-imageur OMEGA.**
En bleu les glaces du pôle Nord, en rouge les sulfates (gypse) qui constituent des dunes sombres.

planétologie comparative qu'offre désormais l'exploration spatiale, à la compréhension des phénomènes terrestres ? Il est remarquable que, depuis quelques années, des équipes européennes participent à cette exploration, essentiellement grâce à la mission Mars Express de l'ESA, à laquelle la France contribue très largement ; une impressionnante moisson de résultats en résulte, qui conduit à une réécriture profonde de l'histoire de cette planète à toutes ses échelles de temps.

Malgré sa petite masse, Mars Express permet – pour la première fois – la couverture simultanée de plusieurs enveloppes martiennes : son exosphère, dont elle mesure le taux d'échappement ; son atmosphère, dont elle a identifié l'essentiel des constituants (gaz, grains, nuages) et suivi l'évolution spatio-temporelle ; la surface, qu'elle peut caractériser par ses structures et sa composition (minéraux, givres et glaces) ; son sous-sol, dont elle peut reconstruire la structure jusqu'à plusieurs kilomètres. Construite pour durer deux ans, Mars Express est en opération depuis plus de quatre années déjà, et pourrait poursuivre ses observations encore longtemps : tous ses systèmes et instruments fonctionnent parfaitement.

↑ **Vue en perspective de Juventae Chasma,**
prise avec la caméra stéréo à haute résolution (HRSC) de Mars Express.

Les mesures effectuées par Mars Express sont pour l'essentiel inédites. Pour la première fois, l'instrument SPICAM (Spectroscopy for Investigation of Characteristics of the Atmosphere of Mars), construit et développé sous responsabilité du Service d'aéronomie de l'INSU-CNRS, a pu étudier l'évolution couplée de l'ozone et de la vapeur d'eau atmosphérique, en dresser des cartes temporelles globales, comprendre et quantifier les processus impliqués. La caméra HRSC (High Resolution Stereo Camera), sous responsabilité allemande, est en train de réaliser une cartographie stéréoscopique globale de la planète, avec une résolution décamétrique. Elle met en évidence des structures retraçant l'ensemble des épisodes qui ont marqué l'histoire de Mars. Ces images permettent également, par le comptage des cratères d'impact météoritiques, d'estimer l'âge de toutes ces formations ; c'est ainsi qu'en particulier elle a montré que Mars a connu ses derniers épanchements volcaniques il y a quelques dizaines de millions d'années seulement : Mars est juste en train de devenir « géologiquement morte ». Le radar MARSIS (Mars Advanced Radar for Subsurface and Ionosphere Sounding), sous responsabilité conjointe italienne et américaine, sonde le sous-sol de Mars pour y détecter de la glace, voire de l'eau souterraine. À ce jour, il n'en a trouvé que sous les calottes polaires, ce qui pourrait attester l'absence de réservoir de pergélisol aux autres latitudes : un résultat alors de grande importance pour reconstituer l'histoire du cycle de l'eau martien. L'instrument OMEGA (Observatoire pour la minéralogie, l'eau, les glaces et l'activité), réalisé et opéré sous responsabilité française, principalement à l'Institut d'astrophysique spatiale, en coopération avec le Laboratoire d'études spatiales et instrumentation en astrophysique, INSU-CNRS, Observatoire de Paris, permet de dresser des cartes de composition d'une grande variété de constituants de l'atmosphère et du sol de Mars : on peut suivre l'évolution du CO_2 et de la vapeur d'eau atmosphérique, des aérosols, des nuages d'eau ainsi que des nuages de CO_2, dont il a permis la découverte ; il identifie les givres (de CO_2 et de H_2O) qui se condensent aux grandes latitudes, et a suivi l'évolution des calottes polaires sur deux années, mettant en évidence une forte asymétrie Nord/Sud. Il a montré que, contrairement à une idée courante, la calotte pérenne du Sud n'est pas constituée principalement de glace de CO_2, mais consiste, comme au Nord, en un vaste glacier d'eau,

↑ **Caldeira du volcan Apollinaris Patera.**

← **Canyon de Candor Chasma.**
Il pourrait avoir été formé par un écartement de la partie supérieure de la croûte martienne suivi d'un affaissement du plancher ou, autre hypothèse, par des écoulements d'eau.

↓ **Cette structure de cratère peu communes a été appelée « le Sablier ».**
On peut voir des restes de traces d'écoulements provenant des montagnes vers le premier cratère à gauche, puis vers le second en contrebas.

recouvert d'un mince film de glace carbonique qui ne représente qu'une faible fraction du réservoir atmosphérique actuel du CO_2. L'absence de détection par OMEGA de carbonates, également contraire à ce que l'on attendait, proviendrait de ce que l'essentiel du CO_2 aurait subi un processus global d'échappement atmosphérique, tôt dans son histoire, au lieu de se dissoudre, comme ce fut le cas sur la Terre, dans d'hypothétiques océans, et d'y précipiter.

Enfin, OMEGA a mis en évidence trois familles de minéraux d'altération, dont la composition et la localisation traduisent l'évolution des conditions d'environnement global de Mars, indiquant l'existence de trois ères aux propriétés très distinctes. Tout au début, alors qu'elle était très fortement bombardée, la surface de Mars a pu abriter des conditions de stabilité de l'eau liquide, comme en attestent des argiles hydratées (des phyllosilicates) détectées dans les terrains cratérisés les plus anciens. Cette ère n'a que peu duré, vraisemblablement parce que le champ magnétique s'est arrêté rapidement : sans bouclier magnétique contre les effets létaux du Soleil jeune, Mars n'a pu retenir d'atmosphère suffisamment dense pour maintenir un effet de serre efficace. Cette découverte indique où rechercher d'éventuels vestiges de cette ère d'« habitabilité » martienne potentielle, sous la forme de ces roches hydratées qui pourraient avoir préservé d'éventuelles « biореliques ». Elle guide les prochaines missions d'exploration exobiologique martiennes de la NASA (Mars Science Laboratory, lancement 2009) et de l'ESA (ExoMars, lancement 2013), précurseurs du programme de retour d'échantillons martiens (Mars Sample Return). Au travers de la mission Mars Express et en préparation d'ExoMars s'est fédérée une très large communauté à même de contribuer à ce qui pourrait constituer l'une des plus excitantes aventures scientifiques des prochaines décennies.

Jean-Pierre Bibring

Vue en perspective du chenal Reull Vallis prise avec la caméra stéréo à haute résolution (HRSC). Ce chenal a probablement été constitué par des écoulements d'eau dans le passé.

Marc Chaussidon,
géologue, Centre de recherches pétrographiques et géochimiques

Marc Chaussidon est un géologue qui fait de la cosmochimie ! Il analyse la composition des roches les plus primitives pour reconstituer le puzzle de la formation de la Terre. Pour cela, il a relégué sa pelle et sa pioche pour un terrain de fouilles beaucoup plus vaste : l'espace, avec ses poussières d'étoiles. « Nous sommes des utilisateurs de l'aventure spatiale à travers les précieux échantillons qu'elle nous procure. »
Ainsi, ces spécialistes des sciences de la Terre ont pu analyser les quelques échantillons ramenés par la sonde Stardust envoyée dans la queue d'une comète ou par Genesis qui a collecté à 1,5 million de kilomètres de la Terre des particules de vent solaire... « Le but de ces recherches est de comprendre la composition du Soleil, l'origine du système solaire et les processus de formation, notamment en travaillant sur le gaz et les poussières originels », explique Marc Chaussidon.
Avec une étrange machine, le Nébulotron, installé à Nancy, le Centre de recherches pétrographiques et géochimiques (CRPG) reconstitue les premiers minéraux formés par condensation du gaz nébulaire autour du Soleil et essaye de reproduire certains des minéraux présents dans les chondrites, ces roches primitives formées à cette époque dans le disque d'accrétion du Soleil. On peut ainsi retrouver les origines de notre planète, née il y a 4,5 milliards d'années par agglomération d'embryons, eux-mêmes formés à partir des planétésimaux dont les météorites sont les témoins actuels. Une évolution qui s'est réalisée en moins de 100 millions d'années. Ces recherches peuvent nous renseigner aussi sur le grand bombardement de météorites, dont la Lune et Mars conservent encore les impacts, et qui aurait effacé sur la Terre les traces des 600 premiers millions d'années.
Mais une planète en particulier intéresse le géologue : la rougeoyante Mars.

L'analyse de ces roches permettrait de lever de nombreux mystères

Comme Vénus, la Terre et Mercure, Mars est une planète tellurique composée de roches et de métaux. Sa surface est solide, sa rotation est lente et sa densité relativement élevée même si sa gravité et sa pression atmosphérique sont faibles. Et, comme il n'y a pas de tectonique des plaques sur Mars, des roches très anciennes se retrouvent miraculeusement à la surface. Il n'y aurait qu'à se baisser pour les ramasser alors que sur Terre les plus anciennes, qui datent de 4 milliards d'années, se trouvent presque exclusivement au Groenland et au Canada ! Une aubaine pour les géologues à la recherche de roches sédimentaires anciennes dont l'analyse pourrait répondre à quelques-unes des grandes énigmes sur l'évolution primitive des planètes.
« L'analyse de ces roches permettrait de lever de nombreux mystères : pourra-t-on trouver des traces de vie, comprendre l'apparition et la disparition de l'eau sur Mars et sa géodynamique. Reconstituer l'évolution géologique de Mars est fondamental, car cela permettra d'élaborer des modèles d'évolution différenciés entre les planètes », conclut Marc Chaussidon. Peut-être même est-on proche de trouver, grâce à l'exploration des exoplanètes, des petites sœurs à la Terre et Mars. De nouvelles missions inscrites dans le futur de l'aventure spatiale qui feront certainement avancer la recherche sur les origines de notre planète, encore à bien des égards une *terra incognita* !

La mission Cassini-Huygens nous révèle Titan, la plus grosse lune de Saturne, comme l'objet du système solaire qui, par bien des aspects, présente le plus de similarités avec la Terre. Titan n'est pas la Terre primitive congelée que l'on imaginait avant l'arrivée de Cassini-Huygens, mais une « planète » en pleine évolution, active géologiquement, avec une érosion fluviale et éolienne, des nuages et de la pluie de méthane, des lacs, des mers, des rivières de méthane, et un cycle du méthane qui ressemble à celui de l'eau sur la Terre. Cassini-Huygens a été imaginé au début des années 1980 par un groupe de chercheurs européens et américains. Après plusieurs années d'études, le développement du vaisseau, composé de Cassini, orbiteur de Saturne, et de la sonde Huygens, a commencé en 1990. Cassini-Huygens a été lancé en octobre 1997 pour se mettre en orbite autour de Saturne début juillet 2004; après s'être séparée de Cassini, Huygens a été parachutée dans l'atmosphère de Titan en janvier 2005. Lancée pour une durée de fonctionnement de quatre ans autour de Saturne, la mission de Cassini a été prolongée jusqu'en mi-2010. Titan est la seule lune du système solaire qui possède une atmosphère dense, composée principalement d'azote, comme la Terre, mais aussi de méthane (5 % près de

Cassini-Huygens

Mission	ESA/NASA
Lancement	15 octobre 1997 par Titan 4-B depuis cap Canaveral aux États-Unis
Masse	6 000 kg dont 350 pour le module Huygens
Dimensions	Cassini 6,8 m de hauteur, Huygens 2,75 m de diamètre

Arrivée à proximité de Saturne le 14 janvier 2005, Huygens descend dans l'atmosphère de Titan, Cassini se met en orbite autour de Saturne

Durée de mission	Nominale 4 ans, prolongée jusqu'en 2010

CASSINI-HUYGENS

Objectif Titan, une lune qui ressemble à la Terre ?

↗ **En premier plan les anneaux de Saturne.**
En arrière-plan en orange, le satellite Titan. Au-dessus des anneaux, on peut voir un autre satellite de Saturne beaucoup plus petit : Épiméthée. Cassini-Huygens, le 28 avril 2006, était alors à 667 000 kilomètres d'Épiméthée et à 1,8 million de kilomètres de Titan, objectif final de Huygens.

→ **Le sol de Titan en direct.**
Le 14 janvier 2005, à plus de 1,2 milliard de kilomètres de nous, une sonde spatiale se pose sur un sol et transmet pendant plus de 90 minutes des informations totalement inédites. La sonde Huygens vient d'effectuer cet exploit en se posant à la surface de Titan ; les deux blocs au milieu de l'image ont une dimension de quelques centimètres. Ils se situent à environ 85 centimètres de la sonde.

la surface) qui est l'hydrocarbure le plus simple. Cassini-Huygens a découvert que cette chimie était bien plus complexe que prévue, en particulier dans la très haute atmosphère au-delà de 950 kilomètres au-dessus de la surface, où des ions lourds de plusieurs milliers de daltons (1 dalton = la masse d'un atome d'hydrogène) ont été détectés. Ces réactions de chimie organique complexes font de Titan un laboratoire unique pour leur étude, que ce soit dans le cadre du système solaire, ou par extension dans celui de l'Univers.

Comme Titan est très loin du Soleil (dix fois plus loin que la Terre), il y fait très froid. La température à la surface est d'environ – 180 °C. La pression atmosphérique est une fois et demie celle de la Terre. La surface est composée principalement de glace d'eau, recouverte de cette matière organique qui tombe du ciel de façon continue. Avec une telle température de surface, le méthane peut être à la fois gazeux, liquide, ou sous forme de glace. Il joue ainsi sur Titan le rôle actif que l'eau joue sur Terre.

On remarque aussi une grande ressemblance de Titan avec la Terre avec les paysages et les phénomènes géologiques découverts depuis les quatre ans que Cassini-Huygens observe Titan. On note la présence de champs de dunes de « sable », en fait un mélange de grains de glace d'eau et de grains de matière organique, recouvrant une grande partie des zones équatoriales. Huygens a mesuré le profil des vents pendant sa descente en parachute. Des vents très violents (360 kilomètres/heure) soufflent à haute latitude (150 kilomètres) puis diminuent pour souffler à moins de 4 kilomètres/heure près de la surface, ce qui semble suffisant pour former les champs de dunes observés. Toutefois, les vents dus aux effets de marée dans l'atmosphère, induits par Saturne, jouent sans doute un rôle dans la formation des dunes. La surface de Titan se révèle très diversifiée et très dynamique. Seuls quelques cratères ont pour l'instant été découverts sur les 25 % de la surface observée au radar, indiquant que la surface est géologiquement jeune. Un cryovolcanisme actif semble avoir été découvert.

De nombreuses disciplines trouvent leur intérêt dans l'analyse des observations de Titan. Les chimistes, les géophysiciens des mondes glacés, les hydrologues, les océanologues, les atmosphéristes… En plus de la chimie organique complexe, la météorologie de Titan – ainsi que la présence d'un effet de serre dû au méthane – offre des champs d'investigation intéressants pour étudier des phénomènes qui affectent notre vie de tous les jours sur la Terre. Ces réactions ont lieu sur Titan dans des conditions physiques et chimiques différentes de celles de la Terre, nous permettant ainsi une planétologie comparée.

Cassini-Huygens est une très belle réussite de collaboration entre l'Europe et les États-Unis. La NASA a développé le vaisseau Cassini, avec une contribution importante de l'agence spatiale italienne ; l'ESA a fourni la sonde Huygens, qui a été développée par l'industrie européenne sous la direction de Thales Alenia Space. Huygens a réussi l'atterrissage le plus lointain jamais tenté dans le système solaire. La très grande réussite de la mission Huygens montre que l'industrie européenne a su relever le grand défi qui lui était lancé. La communauté scientifique française, soutenue par le CNES, a fortement contribué à cette réussite.

Une nouvelle mission vers Saturne est en cours d'étude. Elle se focalisera principalement sur Titan avec un orbiteur qui emportera une montgolfière et au moins un atterrisseur. L'un de ses objectifs sera de percer encore un peu plus les secrets qui se cachent sous l'épaisse couche de brume de Titan. Un nouveau voyage extraordinaire en perspective vers ce monde fascinant dans les années 2020.

Jean-Pierre Lebreton

→ **Image de la surface de Titan prise par Huygens lors de sa descente vers son site d'atterrissage le 14 janvier 2005.** On distingue dans la partie centrale à dominante plus claire, légèrement plus haut et plus à gauche, des filaments très sombres. Il s'agit d'affluents de drainage se jetant dans un « fleuve », mais sur Titan l'eau est remplacée par du méthane liquide mélangé à des hydrocarbures plus lourds.

↑ **Techniciens travaillant sur le bouclier de protection de Huygens.**

↓ **Pour la réception sur la Terre des images et informations acquises par Huygens, des moyens importants furent mobilisés.**

Rosetta

Mission	ESA
Lancement	2 mars 2004 par une Ariane 5 depuis Kourou en Guyane
Masse	3 000 kg dont 150 kg d'instruments à bord de Rosetta et 100 kg pour Philae
Dimensions	1,8 x 2,1 x 2,0 m, les panneaux solaires ont une envergure de 32 m correspondant à une surface de capteurs de 50 m^2

Avant de se mettre en orbite, autour de Churyumov-Gerasimenko, en août 2014, Rosetta aura bénéficié de la force gravitationnelle de la Terre en 2005, 2007 et 2009 et de Mars en 2007. Philae se posera sur la comète en novembre 2014

ROSETTA
À la rencontre de la comète

↗ **Le survol de la planète Mars** le 25 février 2007 vu par une caméra de l'instrument Civa de Philae. Au premier plan, à contre-jour, une partie de l'orbiteur et un des deux énormes panneaux solaires (16 m x 2 m) qui fournissent l'énergie électrique à Rosetta.

ROSETTA, UN PETIT NOM CHARMANT ! Un nom bien étrange pour une mission d'exploration cométaire ! En fait, Rosetta, ce n'est rien d'autre que la pierre de Rosette qui permit à Champollion de déchiffrer les hiéroglyphes. Mais, alors, quel rapport entre l'espace et l'archéologie ?

Les corps du système solaire se sont formés par l'accrétion du gaz et de la poussière présents dans la nébuleuse primitive. Ces grains ont constitué des planétésimaux, qui eux-mêmes ont donné naissance aux planètes, satellites et astéroïdes. Dans la zone la plus éloignée du Soleil, et donc la plus froide, les comètes se sont façonnées à partir des éléments volatils. De gros icebergs de quelques kilomètres de diamètre comprenant essentiellement de l'eau et du monoxyde de carbone sous forme de glace, avec un grand nombre d'autres molécules très intéressantes… Mais certaines de ces comètes, au début de la formation, sont entrées en collision avec la Terre, amenant peut-être les ingrédients nécessaires à l'apparition de la vie.

Les comètes actuelles n'ont pas subi de transformation et d'altération majeures depuis leur formation. Les analyser consiste donc à retrouver les premiers éléments datant des origines et reconstituer ainsi la formation des planètes et éventuellement l'apparition de la vie. Cette archéologie du système solaire est l'objectif central de la sonde Rosetta.

Après l'aventure des survols de la comète de Halley avec les sondes Giotto et autres, il fallait franchir une étape : se poser sur une comète. De là est né le projet Rosetta, une sonde spatiale constituée d'un orbiteur et d'un atterrisseur, appelé Philae. L'orbiteur permettra la mesure des gaz et des poussières de l'atmosphère de la comète. Cette atmosphère est créée par le réchauffement du noyau cométaire, les glaces se transformant en gaz (sublimation) et étant éjecté sous forme de jets formant ainsi la coma. Il servira aussi à photographier la surface. L'atterrisseur photographiera et analysera la surface et le sous-sol. L'orbiteur comporte douze expériences scientifiques, Philae dix. Un premier record.

L'orbiteur est un satellite « assez » classique, avec cependant quelques spécificités. 1 700 kg d'ergol pour une masse totale d'environ 3 tonnes, car pour approcher la comète et rester dans son voisinage, il faut pouvoir accélérer et freiner souvent. Des panneaux solaires de 35 mètres d'envergure, car à plus de 500 millions de kilomètres, la lumière provenant du Soleil est peu efficace pour fabriquer l'électricité qui va actionner le satellite. Une antenne de plus de 2 mètres de diamètre, afin que la sonde puisse recevoir ses commandes de la Terre et retransmettre ses données.

Mais Philae est encore plus extraordinaire : dans ses 100 kg à peine et sa taille de 70 x 70 x 60 centimètres seulement, il doit être capable de se détacher de l'orbiteur, d'accélérer sa descente vers la comète, d'ouvrir un train d'atterrissage – trois pieds qui se déploient quelques minutes avant l'impact –, d'éviter le rebond ou le retournement en s'ancrant au sol.

Puis il devra survivre à – 110 °C grâce à des piles et des batteries, communiquer avec la Terre via l'orbiteur par des antennes placées sur son dos, réaliser des carottages de la surface, faire une analyse au microscope des échantillons, les chauffer dans des fours, retrouver les atomes et molécules que nous sommes venus chercher. Il mesurera la température, la dureté du terrain, ses caractéristiques magnétiques, la structure du noyau, fera des prises de vues des alentours de la zone d'atterrissage… Tous les résultats seront transmis à la Terre par télémesure. Il faudra 25 minutes aux données pour transiter de la comète à notre planète.

Au fait, j'ai oublié de vous dire : la cible de Rosetta s'appelle Churyumov-Gerasimenko ! Un nom qui provient des patronymes de ses codécouvreurs, des astronomes ukrainiens. Un noyau d'environ 5 kilomètres de diamètre, une rotation d'environ 12 heures, voilà tout ce que nous savons et ce que nous saurons à la mise en orbite de la sonde en août 2014. Nous ne disposerons que de trois mois d'observation pour tenter d'en savoir plus avant l'atterrissage en novembre 2014.

Si Rosetta est un projet techniquement difficile, son organisation elle-même est complexe, composée de toutes les grandes agences européennes et de plusieurs dizaines de laboratoires scientifiques européens. Décidé en 1993, il a fallu dix ans pour mettre en place cette organisation, concevoir, fabriquer ses éléments, assembler l'ensemble et le tester. Au total, plus de 1 000 personnes ont participé à cette phase.

Le lancement a eu lieu le 2 mars 2004. Elle va survoler les astéroïdes Steins en septembre 2008, et Lutetia en juillet 2009 pour analyser et caractériser ces deux objets, pour arriver à proximité de la comète en 2014. Arrivée ne signifie pas fin de la mission, car si la durée de vie de Philae ne sera que de quelques jours, l'orbiteur devra observer l'évolution de la comète pendant un an au moins.

Philippe Gaudon

→ **Atterrisseur Philae de la mission Rosetta prêt à se poser sur la comète.**

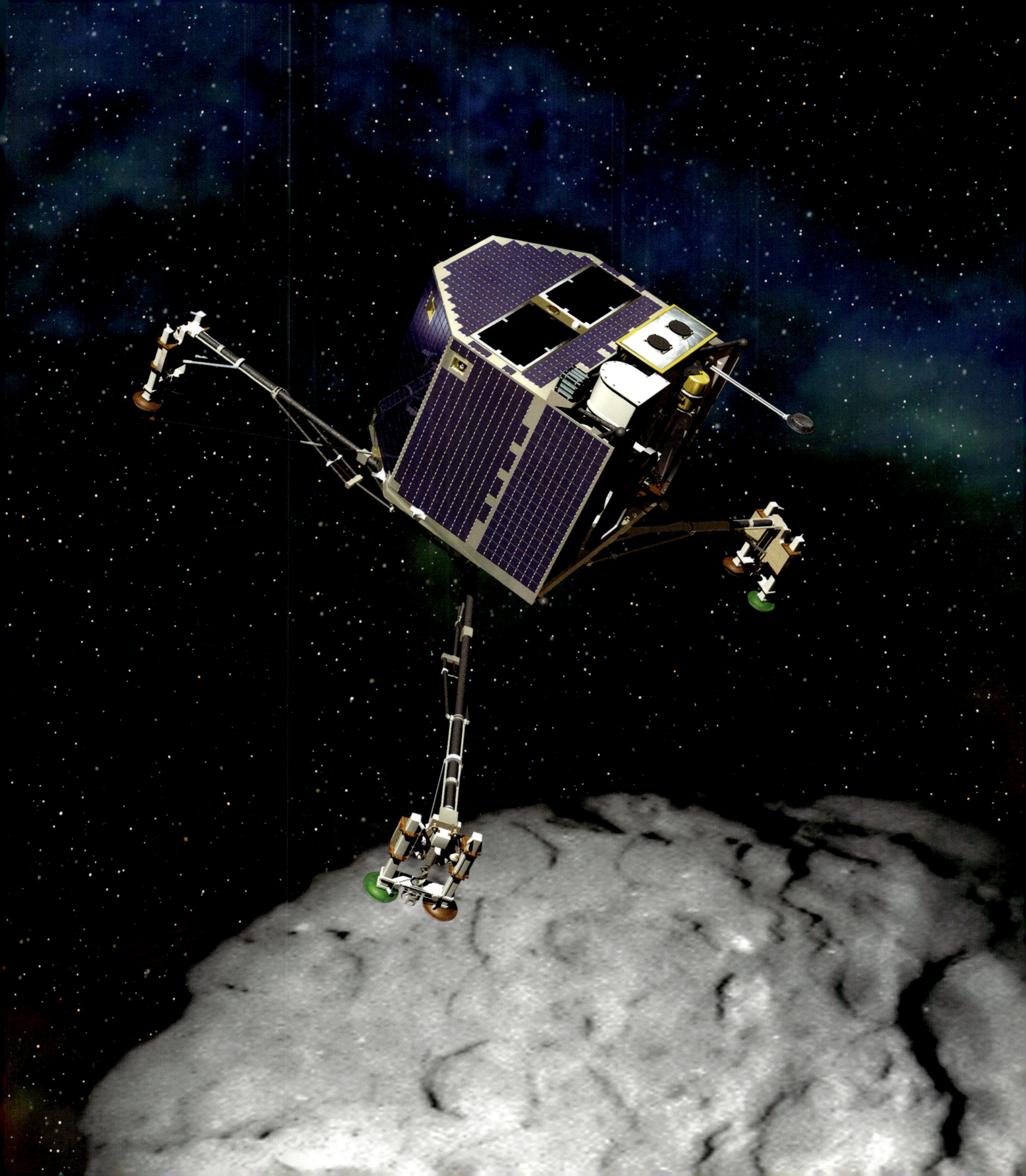

Regards de

Jacques Foliard,
ingénieur expert en mécanique spatiale

Ce mathématicien de l'espace, entré au CNES en 1974, a une longue expérience et des dizaines de lancements à son actif. « J'ai commencé à travailler sur les fusées-sondes aux grandes heures de la collaboration avec les Russes. » Dès cette époque, en tant que responsable attitude, il s'occupe de la mise à poste, c'est-à-dire de toutes les manœuvres qui permettent, depuis la séparation du satellite avec son lanceur, de le mettre sur une longitude géostationnaire. « Le travail du responsable attitude consiste à vérifier l'orientation mais pas la trajectoire (ou l'orbite) d'un satellite. On commence par des analyses de mission où l'on étudie la faisabilité avec les moyens dont on dispose (lanceur, satellite) et on examine les conditions de lancement en fonction des conditions que l'on nous soumet. » L'intervention se déroule en bout de chaîne même si les études en amont permettant de tester la résistance des satellites soumis aux conditions imposées par le lanceur sont nécessaires, car elles influencent la conception même de l'objet spatial.

L'analyse de mission est une suite de calculs mathématiques pour déterminer les meilleures conditions de lancement… Pour cela, Jacques Foliard utilise une référence absolue : les lois de Kepler qui décrivent les propriétés principales du mouvement des planètes autour du Soleil. Vues sous l'angle de la mécanique spatiale, les missions scientifiques sont toujours plus délicates comparées aux missions commerciales, pour lesquelles le travail d'analyse de mission de mise à poste débute à peu près un an avant le lancement.

Le lancement de satellites interplanétaires suppose leur mise en place sur des trajectoires hyperboliques permettant de quitter la Terre et d'atteindre l'objectif dans des conditions optimales, en consommant le moins d'énergie possible. C'est pourquoi il y a des créneaux, des « fenêtres » de tir : tous les dix-huit mois pour Mars, tous les ans pour Jupiter. « L'objectif est d'obtenir à partir des éléments de calcul et des programmes des trajectoires optimales dans le système solaire. Et c'est avec beaucoup d'équations et un peu d'intuition que l'on affine une trajectoire un peu rustique ! » résume Jacques Foliard.
Parmi les multiples projets scientifiques, les missions martiennes ont été certainement les plus marquantes, les plus décevantes aussi, avec deux échecs : Phobos, avec les Russes, qui sera perdu à 50 kilomètres de sa cible, puis Mars 96 qui, lancé depuis Baikonour, est retombé au large du Chili.

C'est avec beaucoup d'équations et un peu d'intuition que l'on affine une trajectoire

« Dans les années 1990, j'ai aussi beaucoup travaillé sur Mars Sample Return dont l'objectif était de déposer un objet sur Mars et d'y récupérer des cailloux pour les ramener sur la Terre. Nous avons alors étudié les problèmes balistiques de cette mission et la mise au point d'un système de freinage atmosphérique. » C'est donc avec une certaine continuité que Jacques Foliard s'est penché sur les études préliminaires du projet Rosetta. La sonde partie depuis 2004 à la poursuite de la comète Churyumov-Gerasimenko située à un demi-milliard de kilomètres de la Terre a donné du fil à retordre aux mécaniciens de l'espace. « C'était passionnant, car il a fallu caractériser cette comète, dont on ne connaît pas grand-chose, essayer de déduire sa forme et sa force d'attraction puis dimensionner le système de séparation depuis le satellite porteur de manière à ce que l'atterrisseur arrive sur le sol dans de bonnes conditions et puisse s'arrimer au sol. » Désormais, il faudra patienter jusqu'en 2014 pour que l'atterrisseur Philae se pose sans dégât au bon endroit et qu'il puisse déposer ses appareils de mesure à la surface. Cela permettra enfin de valider toutes les options choisies, mais en attendant il faut « gérer la mémoire du projet »… Patience et humilité sont les deux grandes règles de l'espace !

→ **ROSINA (Rosetta Orbiter Spectrometer for Ion and Neutral Analysis),** doit déterminer la composition élémentaire, isotopique et moléculaire de l'environnement cométaire, la température, la vitesse du gaz et des ions qui le constituent et enfin les réactions chimiques qui se produisent entre le gaz et les ions.

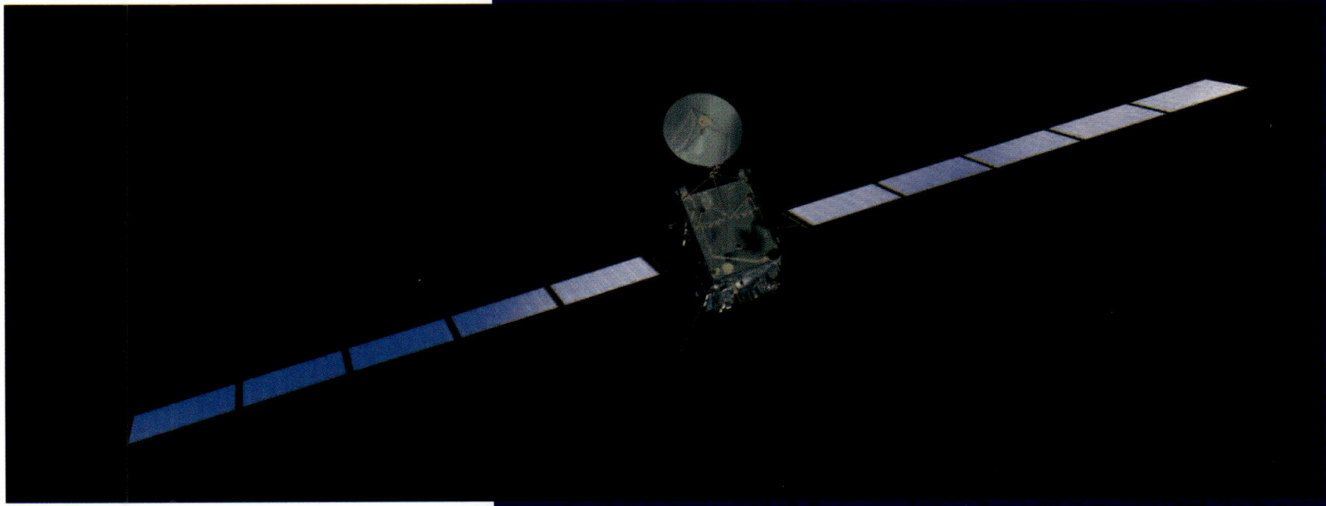

↗ **Rosetta et ses 32 mètres d'envergure.**

→ **Philae étudie le noyau de la comète.**
La caméra Civa visualise l'environnement de Churyumov-Gerasimenko.
Des échantillons du sol seront prélevés et analysés par spectrométrie.
Un radar déterminera la structure profonde du noyau cométaire...

↗ La galaxie active M 82. Il s'agit d'un montage réalisé à partir de trois sources d'observation. Dans le domaine infrarouge avec le télescope Spitzer, dans le domaine des rayons X avec le satellite Chandra et dans le domaine du visible avec le télescope spatial Hubble.

UNIVERS

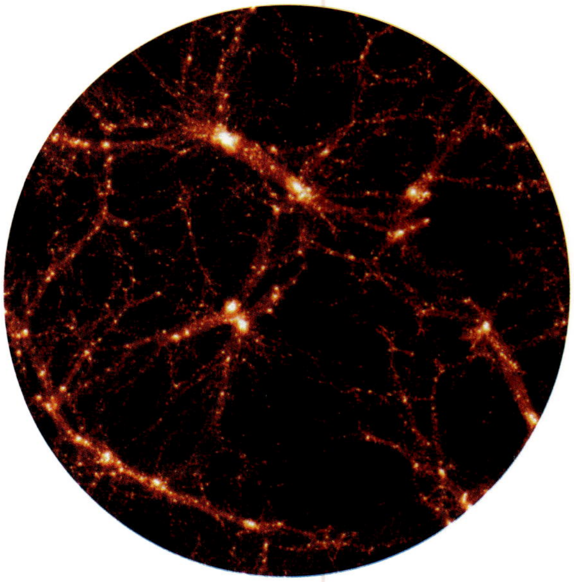

La quête de l'infini

Les observations spatiales ont eu un impact considérable sur notre compréhension de l'Univers, qu'il s'agisse de sa structure à grande échelle et son histoire (cosmologie), de l'interprétation des objets mystérieux que sont les étoiles effondrées ultradenses et les trous noirs ou de la formation des étoiles et des systèmes planétaires qui les entourent.
Les découvertes les plus spectaculaires faisant suite aux observations spatiales en cosmologie sont dues aux satellites COBE et WMap de la NASA qui ont observé le fond de radiation laissé par le Big Bang. Si nous avions des yeux capables de voir tout le spectre électromagnétique, nous verrions, dans le domaine des micro-ondes, un ciel ultrabrillant (95 % de la radiation contenue dans l'Univers), reste du Big Bang. Les observations obtenues par ces satellites américains ont permis de vérifier des prédictions très spécifiques de ce modèle attachées à l'histoire de l'Univers primordial. Il a été très chaud et très homogène à son tout début et, lorsqu'il avait 300 000 ans, les premiers atomes neutres se sont formés. Les photons ont alors pu « s'échapper » formant ainsi le premier rayonnement visible de l'Univers : le fond diffus cosmologique. La théorie du Big Bang prévoit que le spectre de ce rayonnement ne dépend que de sa température, et c'est ce que les satellites ont mis en évidence, les écarts mesurés étant inférieurs au un cent millième.

Cette découverte, qui a confirmé le modèle de Big Bang, a aussi donné aux cosmologistes un outil très puissant pour observer l'Univers primordial, puisqu'elle montrait que l'origine de ce rayonnement précédait de beaucoup la formation des premières étoiles et galaxies. La puissance de cet outil a été confirmée par la découverte de très petites fluctuations dans ce rayonnement très homogène (un cent millième) qui étaient prédites si toutes les structures vues aujourd'hui prennent leur origine dans des fluctuations quantiques de l'Univers primordial. C'est pour continuer à exploiter cette mine d'informations que l'Agence spatiale européenne va lancer le satellite Planck.

L'observation des rayons X en provenance des objets les plus denses de l'Univers a été un des apports essentiels de l'astronomie spatiale. La matière tombant sur ces objets s'échauffe jusqu'à des températures de plusieurs millions de degrés et rayonne dans le domaine des rayons X avant d'atteindre la surface de l'étoile à neutrons ou d'être engloutie dans le trou noir. « Voir » les trous noirs prédits par Laplace, qui possèdent une gravité tellement forte que la lumière ne peut s'en échapper, est un paradoxe apparent dû à la possibilité de voir la matière qui tombe sur ces objets. Cela ouvre la perspective d'étudier ce qui se passe au voisinage de l'horizon des trous noirs et de tester les prédictions de la relativité générale.

Le troisième domaine, où la compréhension de l'Univers dans lequel nous vivons doit beaucoup aux observations depuis l'espace, est la formation des étoiles. L'astrophysique a réussi à

rendre compte des propriétés de base des étoiles par des modèles fondés sur la fusion nucléaire. Leur énergie provient des réactions thermonucléaires qui transforment l'hydrogène et l'hélium produits lors du Big Bang en éléments plus lourds comme le carbone, l'oxygène, l'azote, le silicium ou le fer présents majoritairement dans la composition des planètes telluriques. Par contre, les mécanismes qui contrôlent, dans une galaxie comme la Voie lactée, certains cycles de transformation ne sont pas connus. Ainsi, la transformation, dans le milieu interstellaire, de grands nuages moléculaires en étoiles qui, à la fin de leur vie, enrichissent en éléments lourds le milieu interstellaire est mal comprise. Cette incompréhension est en partie due à la présence de poussières interstellaires qui bloquent la lumière visible, rendent opaques ces nuages, et empêchent d'observer et d'étudier les phénomènes physiques s'y déroulant. Ces mêmes nuages apparaissent en fait très brillants quand on les regarde en infrarouge lointain. Ce rayonnement infrarouge, absorbé par les molécules de l'atmosphère terrestre, ne peut être observé que depuis l'espace. Après le satellite IRAS (InfraRed Astromical Satellite) de la NASA, le premier satellite infrarouge a été construit par l'Europe. Dénommé ISO (Infrared Space Observatory), il a révélé un paysage de la formation stellaire quasi inconnu des astronomes. C'est Herschel, satellite de l'ESA, qui poursuivra ce travail comme premier observatoire du domaine micro-onde. Les observations spatiales, s'affranchissant de l'atmosphère qui bloque une grande partie du spectre électromagnétique, ont permis de découvrir un Univers riche mais invisible à nos yeux. Elles révèlent des phénomènes insoupçonnés, et sont souvent l'unique façon de tester les théories physiques dans des conditions extrêmes, inaccessibles au laboratoire terrestre. Cette exploration se poursuit et il est certain que nous ne sommes pas au bout de nos surprises...

Jean-Loup Puget

↖ **Simulation de la distribution de la matière lumineuse en grandes structures filamentaires.**
Les amas de galaxies se situent à l'intersection des filaments, mais la plus grande partie de la masse n'est pas visible : la matière noire.

↖ **Située à plus de 400 années-lumière, Rho Ophiuchi est une nébuleuse où se forment de nombreuses étoiles.**
Cette image a été prise dans le domaine infrarouge par le satellite ISO.

↑ **Les galaxies NGC 4038 et NGC 4039 prises avec le télescope spatial Hubble.**
Ces deux galaxies sont en interaction et les effets de marée déforment leurs structures et entraînent la formation de nombreuses étoiles.

C'est le 27 décembre 2006 à 21 h 23 que le satellite CoRoT (Convection, rotation et transits planétaires) est lancé depuis Baïkonour. Ce satellite a deux objectifs : l'étude de l'intérieur des étoiles par sismologie stellaire et la recherche de petites exoplanètes. Ces deux objectifs sont réunis dans une même mission et réalisés par le même instrument parce qu'ils font appel à la même technique, la photométrie stellaire de très haute précision qui est l'étude de l'intensité lumineuse des étoiles. En plus de cette technique, l'utilisation du satellite permet des observations continues de la même région du ciel pendant de très longues périodes sans interruption ; ce qui est impossible depuis la Terre, puisque sa rotation autour du Soleil ne nous permet d'observer la même région du ciel que deux à trois mois… et seulement pendant la nuit !

Mais le chemin parcouru a été long jusqu'à l'envol du satellite. C'est dans les années 1980 que ce projet voit le jour, avec pour seul objectif des observations en sismologie stellaire. Depuis très longtemps les astronomes sont convaincus que les étoiles vibrent.

CoRot

(**Co**nvection, **RO**tation et **T**ransits planétaires)

Mission	CNES
Lancement	Lancé le 27 décembre 2006 par un Soyouz depuis Baïkonour au Kazakhstan
Masse	626 kg
Dimensions	4,2 m x 9 m panneaux solaires déployés
Orbite	Polaire terrestre à 896 km d'altitude
Durée de mission	Nominale 3 ans

COROT

Exoplanètes et vibrations stellaires

↓ **Phénomène de transit :**
la luminosité de l'étoile diminue lorsque la planète passe devant le disque stellaire. La courbe est celle du transit d'une planète découverte par CoRot.

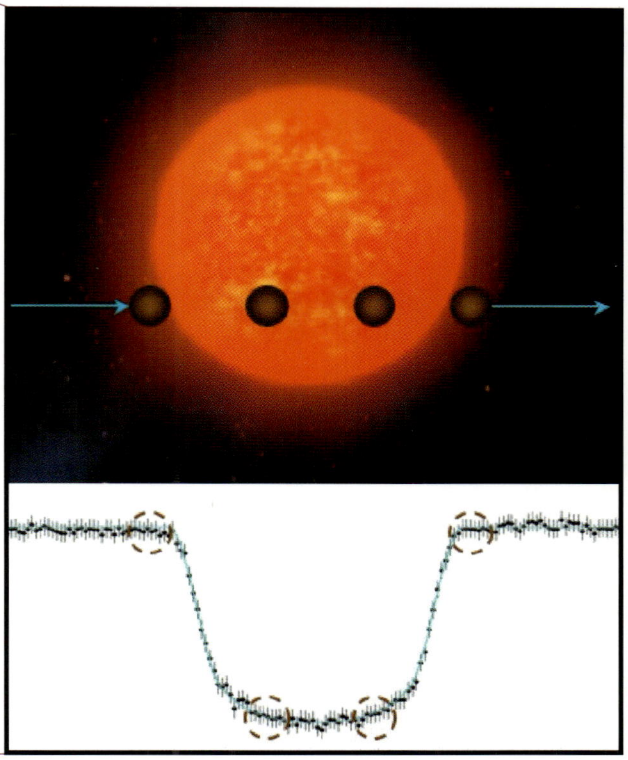

↓ **Courbe du transit de l'exoplanète CoRoT-exo-2b détectée par CoRoT.**

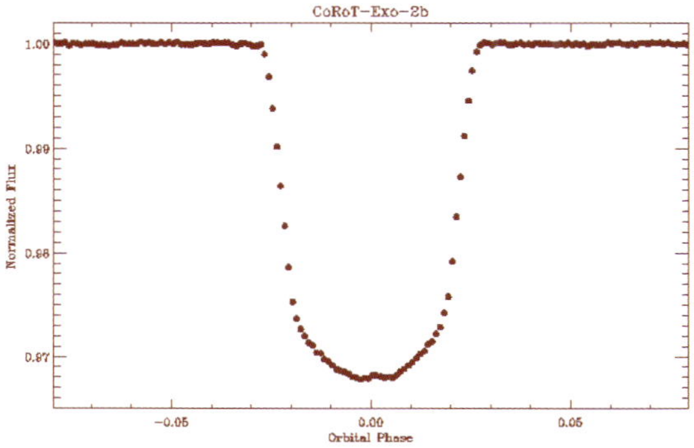

Des mouvements périodiques peuvent s'y propager du centre à la surface et sont accompagnés de déformations créant des mouvements de matière et des variations de température et de luminosité avec la même période. Ces oscillations stellaires nous renseignent sur l'état physique interne de l'objet, dès lors que l'on connaît leurs fréquences, leurs amplitudes et éventuellement leurs durées de vie. Nous savons bien qu'une assiette fêlée ne sonne pas comme une assiette intacte, et que la note produite par une corde de violon dépend de sa longueur, de sa tension et de son diamètre. Pour le Soleil et les étoiles, ces vibrations sont les seuls signaux (avec les neutrinos) à provenir de l'intérieur même et portent donc une information très précieuse.

C'est dans les années 1970 que les oscillations solaires sont détectées, mais surtout c'est avec le satellite SOHO qu'elles sont observées en continu. Grâce à ces observations, on a montré, notamment, que le neutrino avait une masse.

Après le Soleil, les regards des chercheurs se sont tournés vers les autres étoiles. En effet, si nous pouvons accéder à la structure interne d'une variété d'étoiles d'âges, de masses, de compositions chimiques différents, nous accédons alors à l'évolution des étoiles et donc à celle de l'Univers. Ce sont des chercheurs et des ingénieurs du Laboratoire d'études spatiales et d'instrumentation en astrophysique (INSU-CNRS, Observatoire de Paris) qui prennent l'initiative de réfléchir à une mission spatiale pour détecter ces vibrations minuscules dans d'autres étoiles.

Dans les années 1980, le premier projet, basé sur la méthode de photométrie stellaire, prend forme et, entre 1988 et 1996, EVRIS est réalisé en collaboration avec le Laboratoire d'astrophysique de Marseille (INSU-CNRS). C'est un instrument simple et peu coûteux qui sera installé sur la sonde soviétique Mars 1996. En 1993, une deuxième étape plus ambitieuse, déjà appelée CoRoT, est retenue dans le programme de petites missions du CNES. Deux événements vont bouleverser le paysage dans ce domaine. C'est tout d'abord la découverte de la première exoplanète en 1995, suivi en 1996 par l'échec de la mission Mars 1996 et la disparition d'EVRIS.

La découverte de la première exoplanète est suivie rapidement de nombreuses autres. Elles sont grosses, analogues à Jupiter et proches de leurs étoiles, mais un des objectifs des astronomes est la détection de petites exoplanètes. Ceci n'est pas à la portée des télescopes au sol et l'idée germe alors que la technique de CoRoT pourrait aussi être utilisée pour détecter des exoplanètes par la méthode des transits. Il s'agit d'observer la diminution de la luminosité provenant d'une étoile, provoquée par le passage d'une exoplanète entre nous et son étoile. Là aussi l'observation est délicate, car cette diminution de luminosité n'est que d'un dix millième. De plus, observer ce phénomène de transit nécessite d'être exactement dans l'alignement formé par l'étoile et l'exoplanète, ce qui est très peu probable, et ne peut être compensé que par l'observation d'un très grand nombre d'objets.

L'équipe du projet CoRoT décide d'étudier les modifications pour atteindre ce nouvel objectif et les propose au CNES en 1997 avec des partenaires européens et brésiliens. Quelques défis techniques restent à surmonter telles la stabilité et la précision du pointage, la protection contre la lumière parasite, la stabilité thermique des détecteurs (CCD), la capacité à réaliser des périodes d'observation de 150 jours sans interruption sur le même champ d'étoiles, etc.

CoRoT, premier satellite pour l'observation de l'intérieur des étoiles et la découverte d'exoplanètes, engrange ses observations qui vont permettre aux astronomes de découvrir de nouvelles exoplanètes et d'étudier l'intérieur de différentes étoiles. Mais CoRoT, c'est aussi le pionnier permettant aux projets futurs de prendre forme, tel le projet en cours de discussion à l'ESA : PLATO (PLAnetary Transits and Oscillations of stars) qui devrait permettre de comprendre les conditions de formation des planètes et l'émergence de la vie.

Annie Baglin

Test sur le télescope de CoRoT.
Le satellite se compose :
- d'une plate-forme Proteus
- d'une charge utile comprenant un télescope, une caméra grand champ fonctionnant dans le visible, une case à équipement et un logiciel de vols en charge des traitements.

Essai « vide spatiale » de CoRoT dans un simulateur.

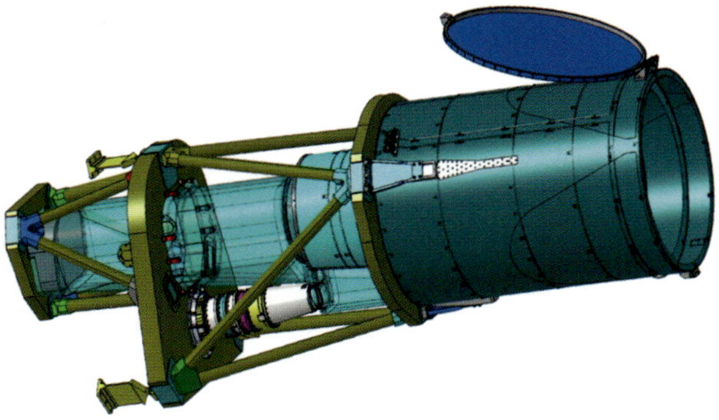

Schéma du télescope équipant le satellite CoRoT.
On peut voir le baffle protégeant le télescope de la lumière parasitaire.

Courbe de lumière de l'étoile parente de CoRoT-exo-2b observée pendant 165 jours. Elle contient 82 transits au sol hachées par l'alternance jour/nuit.

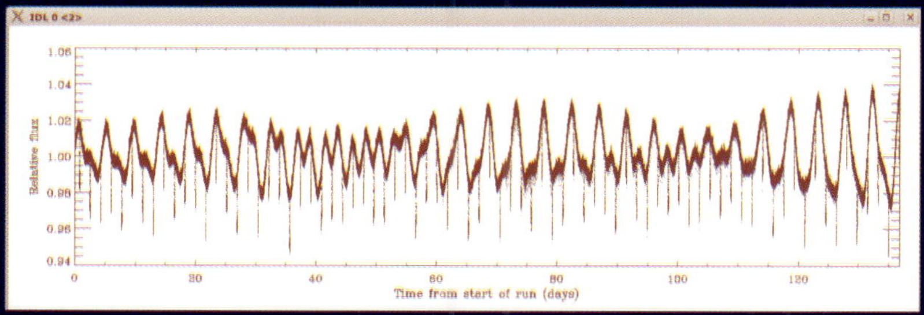

Le signal le plus petit jamais détecté d'un transit planétaire et ensuite le même signal agrandi.

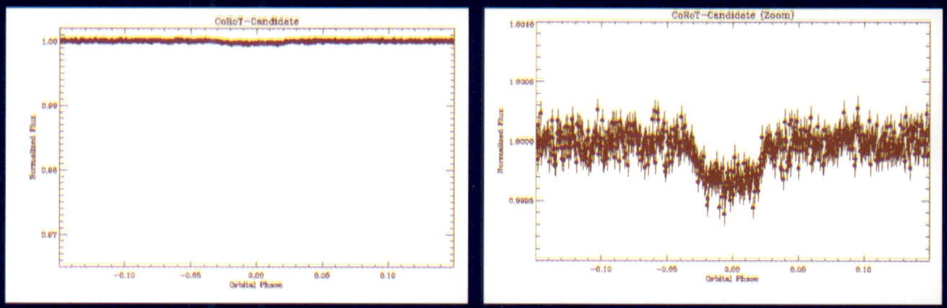

Hipparcos

Mission	ESA
Lancement	8 août 1989 par Ariane 4 depuis Kourou en Guyane
Masse	1140 kg
Orbite visée	Géostationnaire à 36 000 km de la Terre ne put être atteinte suite à une défaillance du moteur d'apogée. Grâce à une révision de la mission, celle-ci put se dérouler presque nominalement

HIPPARCOS ET GAIA

100 000 étoiles à observer

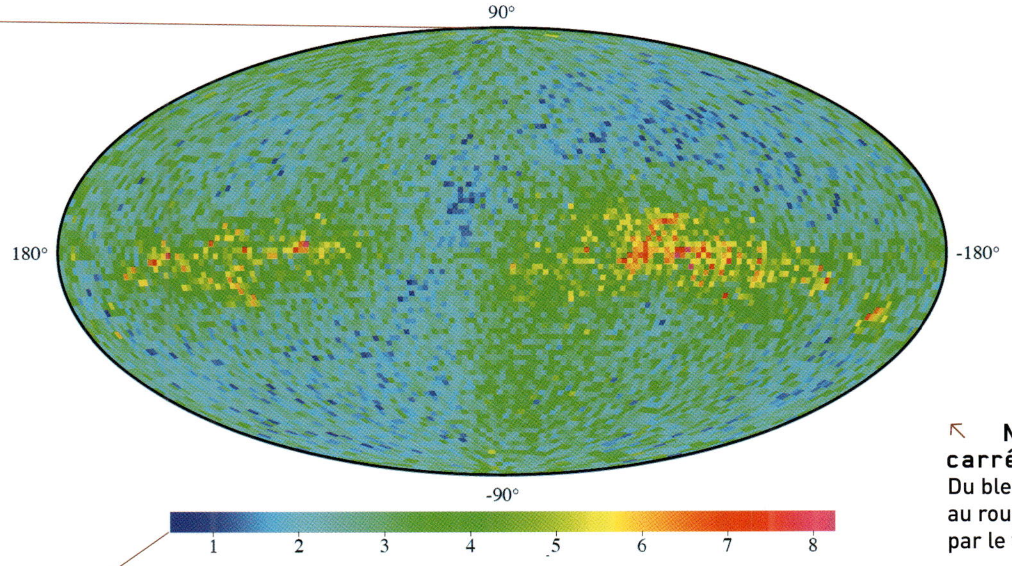

↖ **Nombre d'étoiles par degré carré observées par Hipparcos,** Du bleu, une étoile par degré carré, au rouge-violet, 8 étoiles, en passant par le vert, 4 étoiles.

DEPUIS TOUJOURS, L'HUMANITÉ OBSERVE LE CIEL… et la première impression est que les étoiles sont « fixes ». C'est la « sphère des fixes » des anciens. En fait, les étoiles sont animées de mouvements tangents à cette sphère, mais ils sont extrêmement petits. Ils sont de deux sortes : le mouvement des étoiles dans la Galaxie par rapport au Soleil (donc à nous, observateurs terrestres), et le mouvement réflexe du déplacement de la Terre sur son orbite autour du Soleil, appelé parallaxe trigonométrique (mouvement des étoiles les plus proches observé par rapport aux étoiles les plus lointaines). Cette dernière est une mesure directe de la distance des étoiles observées. Les mouvements des étoiles par rapport au Soleil sont petits aussi, car l'ensemble des objets composant la Galaxie est entraîné dans un mouvement de rotation régulier, et les écarts à ce mouvement général sont petits. Les parallaxes trigonométriques sont aussi très petites, car le Soleil est dans une zone de la Galaxie qui est très peu peuplée.

Après avoir fait le constat que les progrès des observations astrométriques depuis le sol butaient sur de nombreuses difficultés techniques (turbulences dues à l'atmosphère, gravitation entraînant la déformation des instruments, etc.), Pierre Lacroute, alors directeur de l'Observatoire de Strasbourg (INSU), a proposé d'utiliser un satellite. Cette idée, complètement novatrice à l'époque (1966), est à l'origine de la mission Hipparcos, incluse dans le programme scientifique de l'ESA en 1980. L'Europe est ainsi devenue pionnière dans un domaine, l'astrométrie spatiale, où tant l'ESA elle-même que les scientifiques et les industriels européens ont acquis une expertise unique au monde.

Hipparcos, lancé par Ariane le 8 août 1989, a effectué des observations pendant quatre ans, et le catalogue obtenu, publié en 1997, est encore, dix ans après, la référence en terme de précision astrométrique. Il contient, en particulier, les parallaxes trigonométriques et les « mouvements propres » de 100 000 étoiles avec une précision de l'ordre du millième de seconde de degré, soit dix fois mieux que la précision au sol. Plus de 6 000 publications utilisent ces données.

Les Français ont été très impliqués dans cette mission ambitieuse : deux des quatre consortiums scientifiques étaient dirigés par des Français, du laboratoire Gemini de l'Observatoire de la Côte d'Azur (INSU-CNRS) et du laboratoire « Galaxies, étoiles, physique, instrumentation » de l'Observatoire de Paris (INSU-CNRS), et la maîtrise d'œuvre assurée par Matra Espace (Toulouse). Contrairement à beaucoup de missions de l'ESA, le satellite et la charge utile ont été construits sous la responsabilité de l'ESA, car la stabilité globale de l'ensemble était l'une des clés du succès. Par contre, les scientifiques ont joué un rôle essentiel dans deux domaines : la préparation du programme d'observation (construit sur des critères scientifiques, mais aussi en respectant les contraintes opérationnelles du satellite) et l'analyse des données (comment transformer des centaines de milliers de mesures de grands angles en quantités physiques : distances et mouvements).

Avec Hipparcos, l'astrométrie est entrée dans une nouvelle ère : elle est devenue un outil majeur pour l'astrophysique. La précision obtenue sur les distances et mouvements des étoiles du voisinage solaire a permis des avancées remarquables : détermination de l'âge des étoiles les plus anciennes, enfin compatible avec l'âge estimé pour l'Univers à partir de théories cosmologiques ; description à trois dimensions de l'amas des Hyades ; étude de la rotation galactique et des mouvements des différentes populations d'étoiles de la Galaxie...

Les scientifiques européens et l'ESA ont poursuivi dans cette voie prometteuse. Une nouvelle mission, Gaia, beaucoup plus ambitieuse qu'Hipparcos, mais utilisant les mêmes principes pour les observations astrométriques, proposée dès 1992, a été acceptée par l'ESA en 2000. Les acteurs du spatial français sont à nouveau très impliqués dans ce projet, de la préparation scientifique à l'analyse des données, en passant par la maîtrise d'œuvre de la construction du satellite (EADS Astrium).

Son lancement est prévu pour 2012. La précision astrométrique attendue est de cinquante à cent fois supérieure à celle d'Hipparcos, pour un milliard d'objets, permettant l'observation d'objets beaucoup plus faibles et beaucoup plus lointains. De plus, les vitesses radiales et des observations photométriques pouvant caractériser les étoiles observées d'un point de vue astrophysique seront obtenues en parallèle aux observations astrométriques. Grâce à cet ensemble tout à fait unique de données, Gaia va permettre une compréhension beaucoup plus approfondie de la formation et de l'évolution de notre Galaxie, une détermination beaucoup plus précise de l'échelle des distances dans l'Univers et de nombreuses autres applications dans des domaines aussi différents que la physique stellaire, le système solaire ou la relativité générale.

Catherine Turon

→ **Une partie de la Voie lactée,** centrée sur le cœur de notre Galaxie, est représentée sur ce cliché qui a été réalisé dans le cadre du programme d'observation 2Mass. Les observations d'un demi-milliard d'étoiles dans trois longueurs d'ondes en infrarouge (bleue à 1,2 micron, vert à 1,6 micron et rouge à 2,2 microns) ont été combinées pour réaliser l'image globale de la Voie lactée.

↓ **Le satellite Hipparcos en cours de test.**

L'ATMOSPHÈRE ABSORBANT LES RAYONNEMENTS DE HAUTE ÉNERGIE, l'astronomie gamma s'est développée à la suite de la conquête spatiale. Cette astronomie reste extrêmement difficile. D'abord, parce qu'il n'existe pas, à ces énergies, de miroirs permettant de former des images. Ensuite, parce que les particules peuplant l'environnement des satellites génèrent du rayonnement gamma dans les détecteurs, limitant ainsi leur capacité à percevoir l'émission céleste. Cet effet est d'autant plus pénalisant que l'absence de miroir ne permet pas de concentrer le rayonnement. Enfin, les détecteurs du rayonnement gamma n'étant pas d'un usage courant, leur développement n'a pas bénéficié d'un intérêt soutenu de la part du milieu industriel.

D'où provient le rayonnement gamma galactique ? Du milieu interstellaire ou de sources compactes ? Quels sont les mécanismes physiques mis en jeu pour produire ce rayonnement ? Telles sont quelques-unes des questions ayant motivé la recherche de solutions technologiques pour pallier les difficultés de cette astronomie.

Le télescope gamma spatial SIGMA (Système d'imagerie gamma à masque aléatoire) (1989-1997), fruit de la collaboration du CNES, du CEA et de l'INSU, avait démontré tout l'intérêt du masque codé pour former des images dans le domaine gamma, permettant notamment la découverte des microquasars. L'enthousiasme soulevé par ces résultats a joué un grand rôle dans la décision de l'ESA, en 1993, de réaliser INTEGRAL (INTErnational Gamma Ray Astrophysics Laboratory), un observatoire spatial du rayonnement gamma équipé de deux instruments à masque codé, un imageur et un spectromètre, avec pour ambition de dépasser les performances de SIGMA.

INTEGRAL

(INTErnational Gamma Ray Astrophysics)

Mission	ESA
Lancement	17 octobre 2002 par un Proton depuis Baïkonour au Kazakhstan
Masse	4 000 kg
Dimensions	5 x 3,7 m
Orbite	Elliptique terrestre 9 000 et 153 000 km
Durée de mission	Nominale 2 ans, prolongée jusqu'en 2010

INTEGRAL

À la découverte de l'Univers extrême

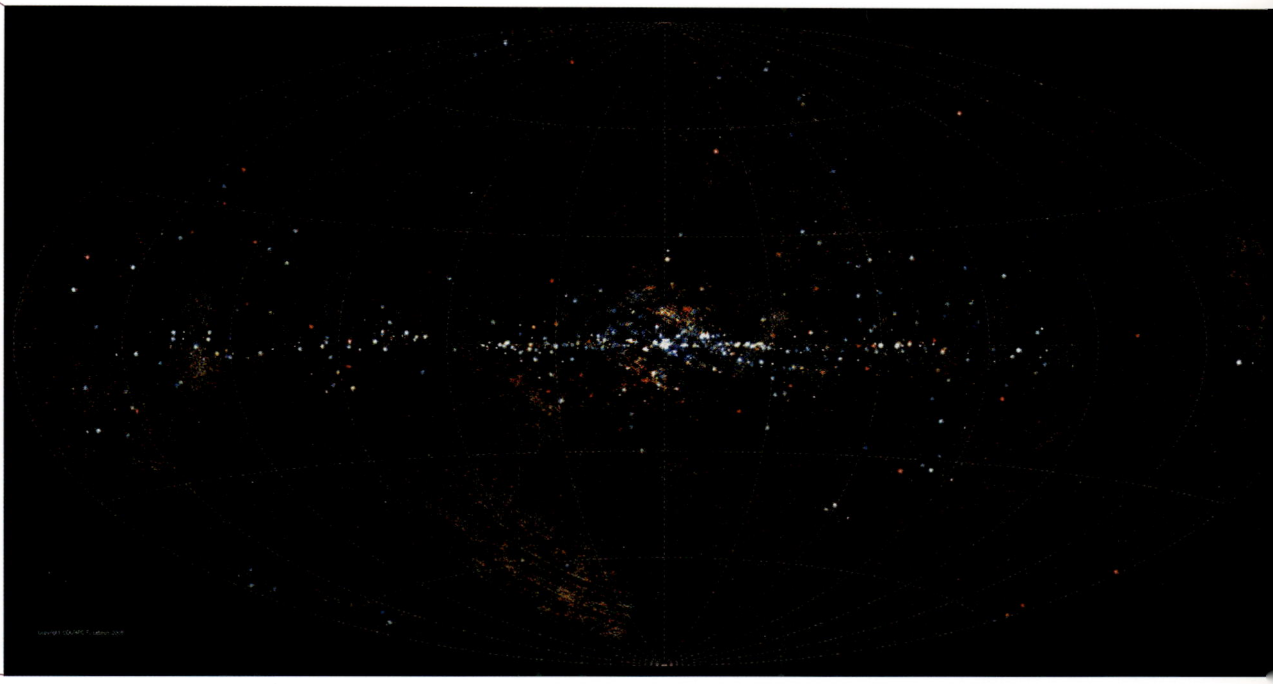

↗ **Carte du ciel illustrant le troisième catalogue des sources détectées par INTEGRAL.**
Les sources bleues émettent relativement plus de photons au-delà de 40 keV que les rouges. Ces sources sont principalement des systèmes binaires accrétants, abritant un trou noir ou une étoile à neutrons, mais on trouve aussi parmi elles des noyaux actifs de galaxie, des pulsars isolés et des restes de supernova ou des objets dont la nature n'est pas établie.

→ **Carte du ciel de l'émission à 511 keV établie par INTEGRAL.**
On notera le maximum d'émission bien centré sur le noyau galactique et une extension le long du disque dont l'asymétrie rappelle celle de notre Galaxie et en particulier celle de la distribution des systèmes binaires X.

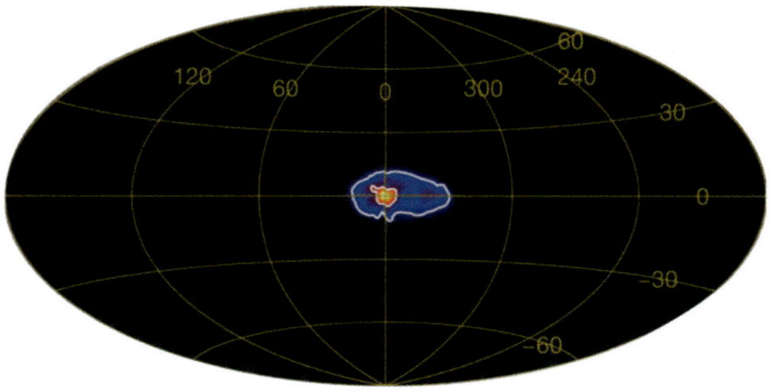

Avec les risques afférents à la nouveauté, les scientifiques et ingénieurs de l'imageur IBIS (Imager on Board Integral Satellite) se sont appuyés sur les développements des détecteurs semi-conducteurs (CdTe) et de la microélectronique pour concevoir ISGRI (Integral Soft Gamma-Ray Imager), un détecteur huit fois plus léger offrant une imagerie deux fois meilleure sur une surface utile trois fois plus grande ! Après bien des vicissitudes, la caméra ISGRI, une première mondiale, est née au CEA avec le soutien du CNES. Pour faire bonne mesure son seuil de détection et sa résolution en énergie sont deux fois meilleurs que ceux de SIGMA, et pour couronner le tout, le masque codé d'un mètre carré placé à 3,2 mètres d'ISGRI offre à l'instrument IBIS un champ de vue quatre fois plus grand que celui de SIGMA. *In fine,* la sensibilité d'IBIS/ISGRI est trente fois meilleure que celle de SIGMA.

Pour le spectromètre SPI (SPectrometer on Integral), les scientifiques ont privilégié l'emploi des détecteurs germanium, semi-conducteurs offrant la meilleure résolution spectrale et une très bonne efficacité au-delà du MeV, au détriment de la résolution spatiale. Le prix à payer est la présence de moteurs cryogéniques et des recuits périodiques du germanium en vol ; ce qui n'avait jamais été fait. La sensibilité du spectromètre surpasse celle de l'imageur au-delà de 300 keV ; avec un champ de vue légèrement plus grand, il offre une résolution angulaire dix fois moins bonne mais une résolution spectrale dix fois meilleure.

Prévue pour deux ans avec une extension possible de trois ans, on envisage une durée de l'ordre de dix ans au moins pour l'exploitation d'INTEGRAL.

Le premier résultat scientifique majeur que l'on doit à INTEGRAL est d'avoir montré que l'émission gamma à basse énergie de notre Galaxie n'est pas due au milieu interstellaire, mais bien à des sources compactes, principalement des systèmes binaires abritant un trou noir ou une étoile à neutrons et accrétant de la matière. Cette découverte obtenue par l'imageur dès la première année d'observation n'a fait que se conforter avec le temps et avec la découverte de nouvelles sources, certaines totalement inconnues aux autres longueurs d'onde car complètement cachées par un épais cocon de gaz et de poussière. Après quatre ans de fonctionnement, le catalogue des sources réalisé à partir des mesures faites par ISGRI comptait plus de 400 sources… et ce n'est pas fini.

Le second résultat majeur d'INTEGRAL est dû au spectromètre dont les données ont montré que l'émission à 511 keV, résultant de l'annihilation matière-antimatière (e^+e^-), est essentiellement confinée dans le bulbe de notre Galaxie. Les scénarios astrophysiques classiques invoquant des supernovae et des novae peinent à rendre compte du niveau et de la géométrie de cette émission. On ne peut exclure que ces positons résultent de la désintégration de matière noire légère concentrée dans le bulbe galactique.

Pour le développement d'un appareillage aussi sophistiqué que la caméra ISGRI, le CEA a dû faire appel aux expertises du LETI de la Division des applications militaires, en sus de celles des ingénieurs et techniciens de la recherche fondamentale (DAPNIA). Le groupe du projet ISGRI a compté jusqu'à une trentaine de personnes au sein du DAPNIA où l'absence de distinction administrative entre un ingénieur et un chercheur est un atout certain. C'est le CNES de Toulouse qui a assuré le développement du spectromètre, avec tout le savoir-faire de l'équipe du Centre d'étude spatiale des rayonnements (INSU-CNRS) en matière de détecteurs germanium refroidis pour mener à bien cette extraordinaire réalisation. C'est grâce à la mobilisation de toutes ces équipes que ce pari technologique et scientifique ambitieux a été possible.

François Lebrun

↑ **Modèle de vol d'INTEGRAL,** lors des tests électromagnétiques chez Intespace à Toulouse.

↑ **Réalisation de l'instrument SPI.**

→ **Intégration des radiateurs du cryosat** du modèle de qualification du spectromètre SPI.

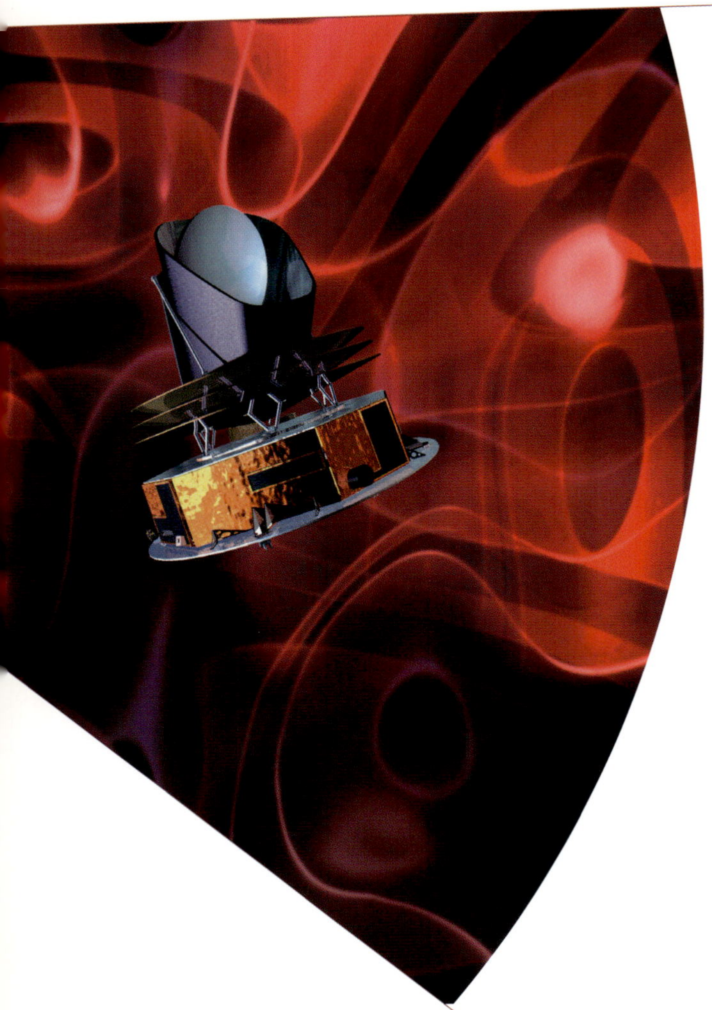

PLANCK
À la recherche des grandes structures de l'Univers

Planck Surveyor

Mission	ESA
Lancement	Début 2009, en même temps que Herschel, par Ariane 5 depuis Kourou en Guyane
Masse	1800 kg
Dimensions	4,20 x 4,20 m
Orbite	Point de Lagrange L2 à 1,5 million de km de la Terre
Durée de mission	Nominale 2 ans

COMPRENDRE L'ÉVOLUTION DE L'UNIVERS DANS SES PREMIERS INSTANTS, au moment où se sont formées les grandes structures comme les galaxies ou les amas de galaxies, tel est l'objectif du satellite Planck. Constitué de deux instruments scientifiques, HFI (High Frequency Instrument) et LFI (Low Frequency Instrument), le satellite Planck a pour mission d'explorer le ciel dans le domaine des micro-ondes. À partir de l'analyse des petites fluctuations de ce rayonnement, des cartes très précises de l'Univers, 400 000 ans après le Big Bang, seront établies, nous permettant de comprendre sa formation et l'évolution de ses structures.

Décidé en 1996, par sélection dans les missions dites moyennes de l'ESA, le choix de Planck a été fait sur la qualité de l'avancement des connaissances qu'il permettra d'obtenir, mais aussi en fonction de l'état de développement technologique nécessaire pour répondre à l'ambitieux programme d'observation de ce satellite. Des laboratoires français et étrangers se sont engagés à développer ces technologies pour construire les deux instruments.

Image du sondage profond de l'Univers réalisée avec le télescope spatial Hubble (NASA - ESA) en octobre 1998.
Il a fallu plus de dix jours d'observations avec le HST pour obtenir cette image qui nous révèle l'existence de galaxies qui peuvent être à des distances allant jusqu'à 12 milliards d'années-lumière de nous. De telles données permettent aux astrophysiciens de remonter dans le temps et d'étudier la formation et l'évolution des galaxies et donc de l'Univers et de ses grandes structures.

HFI est un défi technologique. C'est le fruit d'un travail de plus de dix partenaires, laboratoires et industriels d'Europe et des États-Unis.

Le principe mis en œuvre dans HFI est la détection des variations très faibles de température du fond de ciel qui est lui-même à – 270,5 °C, soit 2,65 °C au-dessus du zéro absolu, la limite physique vers les basses températures. Ces variations sont infimes, de l'ordre du millionième de degré, et pour cela il faut utiliser des détecteurs très sensibles et refroidis à 0,1 degré au-dessus du zéro absolu pour détecter ces variations.

Ces températures sont obtenues couramment dans les laboratoires de physique, mais jamais il n'avait été envisagé de les produire dans l'espace à bord d'un satellite.

C'est ce défi qui a été relevé pour HFI sur Planck. Pour cela, outre le satellite qui de façon astucieuse permet de descendre à – 225 °C, HFI utilise ensuite trois refroidisseurs successifs permettant d'arriver à la température de un dixième de degré au-dessus du zéro absolu, soit – 273,25 °C.

C'est le Centre de recherche sur les très basses températures du CNRS, à Grenoble, qui a inventé ce refroidisseur, dit à « dilution ». En laboratoire, il est aussi gros que le satellite lui-même, et devait donc être miniaturisé et surtout faire du froid en l'absence de pesanteur, une des caractéristiques de l'espace.

Un travail important, mené par ce laboratoire avec l'Institut d'astrophysique spatiale (INSU-CNRS), responsable de HFI, a permis le développement du refroidisseur spatial dans le cadre d'une action de recherche technologique financée par l'ESA et le CNES. La réalisation et les essais du modèle de vol sont ensuite rentrés dans un processus associant un industriel reconnu dans les technologies des basses températures, Air Liquide, Division des techniques avancées, et les équipes des laboratoires.

D'autres technologies pointues ont été aussi maîtrisées, comme la fabrication des détecteurs travaillant à 0,1 K par des ingénieurs américains du Jet Propulsion Laboratory, les électroniques permettant de reproduire fidèlement le signal des détecteurs construits par les Italiens et le Centre d'étude spatiale des rayonnements (INSU-CNRS). Les optiques très froides ont été fournies par les Anglais.

Pour mener un projet international d'une telle complexité, il est nécessaire de mettre en place une solide équipe animée par un ou des scientifiques de renommée internationale et des ingénieurs de haut niveau, possédant le sens de l'organisation. Il est aussi indispensable qu'ils soient des spécialistes internationaux des domaines technologiques considérés et rompus aux techniques spatiales.

C'est une grande aventure humaine qui s'étale sur plus de dix années pour certains, avec chaque jour un programme chargé et de nombreuses difficultés dues à la complexité de cette entreprise. C'est aussi l'enthousiasme à chacune des étapes importantes : la fabrication de l'instrument, son intégration, les essais sur satellite, les résultats-tests transmis par le satellite encore au sol, l'acheminement du satellite jusqu'à la base spatiale de Kourou, les derniers préparatifs et enfin le lancement par Ariane 5 qui est un événement unique lorsque le travail de tant d'hommes est en jeu. Enfin, les premières données viennent… C'est là où se mesure le succès de cette grande aventure.

Guy Guyot

→ **Fluctuations du fond diffus cosmologique observées par le satellite WMap (NASA).**
Cette carte du ciel rassemble cinq années d'observations réalisées avec WMap.
La température moyenne est de 2,725 K, soit -270 °C.
Les couleurs représentent les très légères fluctuations de température, avec en rouge les régions plus chaudes et, en bleu, les régions plus froides.

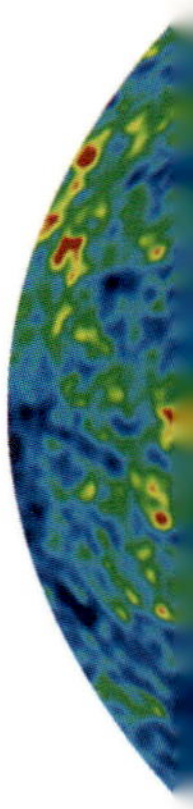

↓ **Intégration de Planck chez Thales Alenia Space à Cannes.**

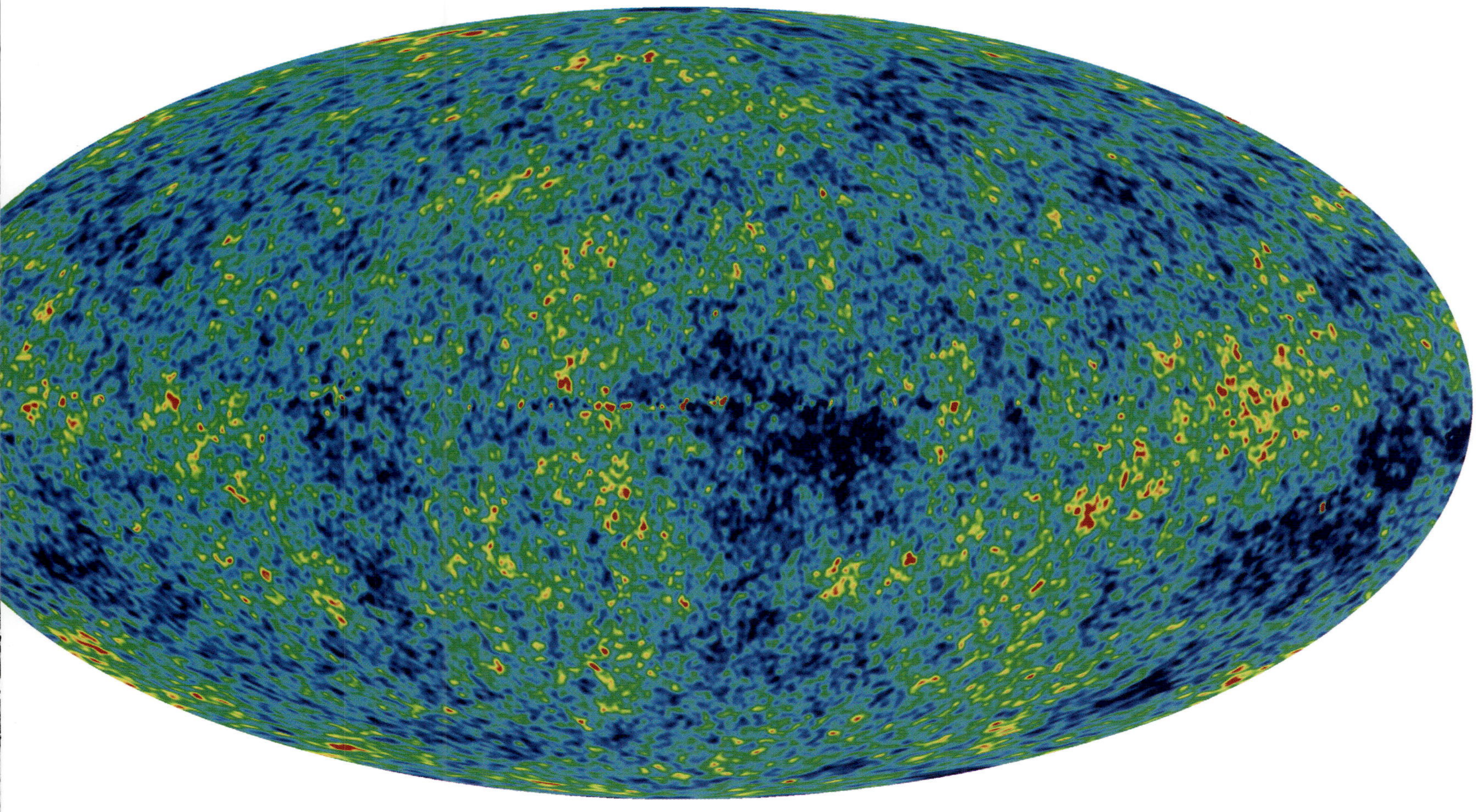

↓ Réalisation de l'instrument HFI du satellite Planck.

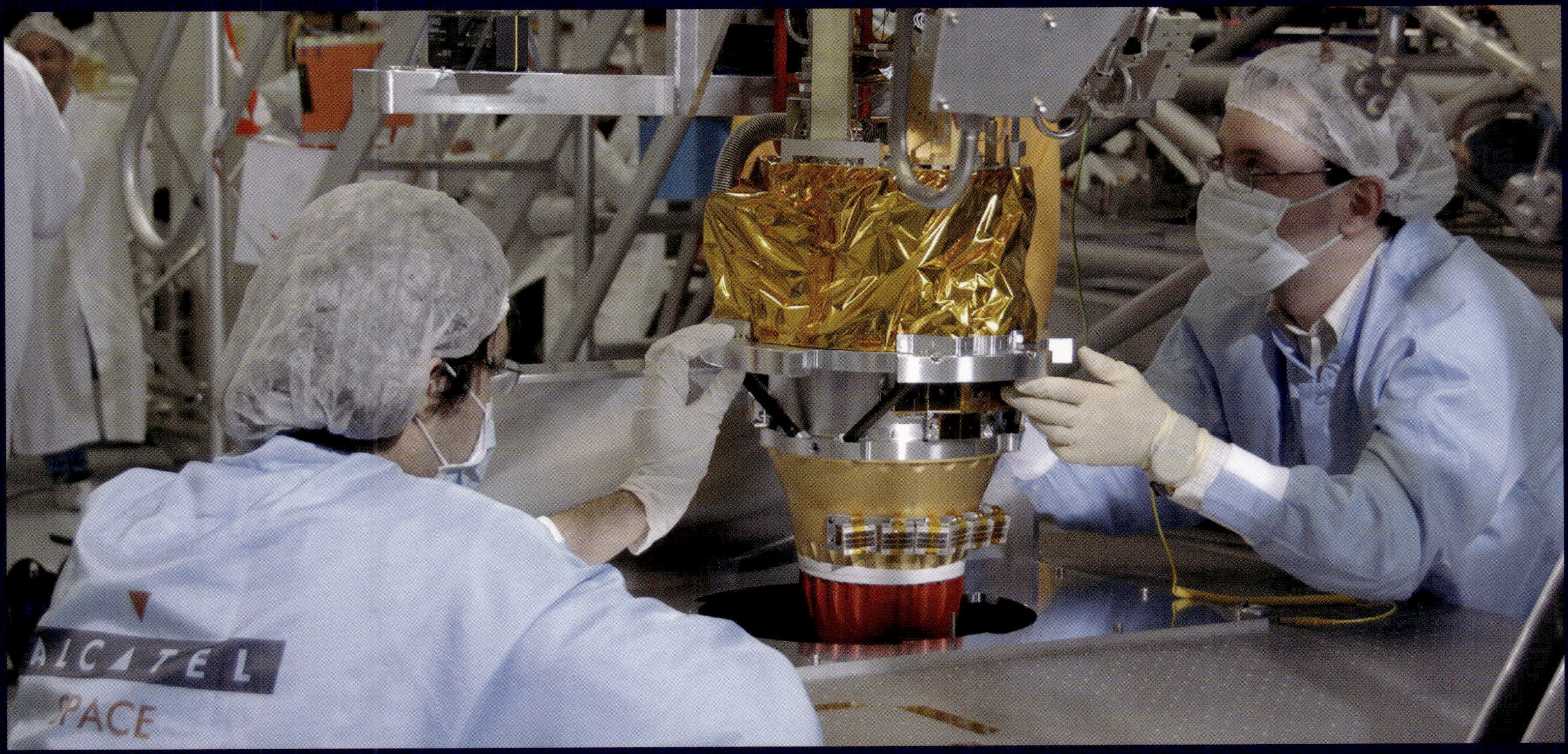

Nébuleuse du Crabe
observée par le télescope spatial Hubble (NASA - ESA).
Cette nébuleuse, en expansion, constitue les restes de l'explosion de la supernova observée en 1054 par les Chinois. L'étoile massive au centre, qui est devenue une étoile à neutrons, a expulsé ses couches périphériques.
L'onde de choc peut enclencher la naissance d'étoiles, tandis que cette matière expulsée, riche en éléments lourds, sera l'un des constituants d'une nouvelle génération d'étoiles.

Regards de

Hervé Gilibert,
directeur des programmes de qualification Ariane 5, EADS

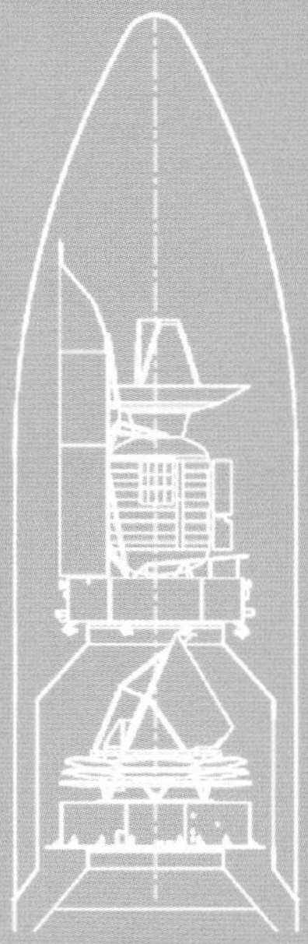

← Deux satellites, Herschel et Planck, sous la même coiffe.

Des sous-marins nucléaires à l'espace, Hervé Gilibert, directeur des programmes de qualification Ariane 5 chez EADS, est un habitué des milieux extrêmes et des grands projets à « manœuvrer » en toutes circonstances. Il supervise l'équipe chargée de qualifier le lanceur des satellites Herschel et Planck prévus pour être envoyés dans l'espace à bord de la même fusée en 2009. Les missions de ces deux satellites scientifiques seront d'étudier la formation des étoiles et des galaxies les plus lointaines et de percer quelques-uns des mystères de cette matière noire qui compose, pense-t-on, les trois quarts de notre Univers. À objectif ambitieux correspond une mission délicate…

« On va lancer en même temps les deux satellites Herschel et Planck, de manière à ce qu'ils aillent rejoindre le point de Lagrange où ils resteront toujours dans la même position relative, alignés avec le Soleil, 1,5 million de kilomètres derrière la Terre, dans son cône d'ombre. À cette distance, quatre fois celle de la Terre à la Lune, et quarante fois l'altitude des satellites géostationnaires usuellement lancés par Ariane 5, cette mission requiert donc une trajectoire spécifique qui impose une grande précision du lanceur. Elle lui demande aussi de délivrer le maximum de sa performance. » En outre, s'agissant de satellites d'observation de haute précision, un soin tout particulier est apporté à la protection des optiques, et rien n'est laissé au hasard : « Nous allons profiter d'un vol commercial préalable, pour mesurer finement les pollutions particulaires générées pendant le lancement dans le compartiment des satellites. »

Enfin, l'adaptation du lanceur aux caractéristiques des deux satellites a nécessité le développement d'adaptateurs spécifiques, ces structures en carbone ultralégères permettant d'emporter puis de libérer les deux satellites positionnés l'un au-dessus de l'autre au sommet du lanceur. Au final, comme pour les autres lancements, EADS livrera à Arianespace un lanceur complet, avec un logiciel de bord adapté pour conduire le lanceur et déclencher les différentes opérations de la séquence de vol. Une équipe d'une quinzaine de personnes est mobilisée pendant plus d'un an pour cette mission.

Les vérifications entreprises ne peuvent tolérer le moindre doute

En charge de répondre à la « spécification de mission » établie par Arianespace et l'ESA, l'industriel a désormais la totale maîtrise d'œuvre pour la qualification du lanceur. « Depuis 2003, nous sommes passés à un régime de responsabilité globale alors qu'avant il y avait plusieurs contrats avec chacune de nos entités. Cette configuration est forcément plus efficace, car l'industriel s'engage vraiment sur les coûts et les délais. » Ceci est fait en préservant une transparence totale avec les différents acteurs du programme Ariane. « Des définitions préliminaires jusqu'aux résultats de qualification, l'ESA et le CNES sont au courant au jour le jour de l'avancement des travaux. Et, dans ce cadre, le CNES accompagne l'ESA dans les projets. Il assure le suivi et la vérification croisée de l'ensemble de nos travaux et de nos conclusions. » Cette organisation intégrée permet une vigilance de tous les instants sur les projets, qui s'exprime tout particulièrement au moment des « revues », ces grandes auditions pendant lesquelles des experts venus de tous les horizons recherchent la moindre faille dans les études réalisées et dans leurs conclusions… « La pensée unique doit être bannie, les enjeux sont tels que les développements et les vérifications entreprises ne peuvent tolérer le moindre doute. Tous les acteurs doivent donc toujours se conserver la possibilité de faire des vérifications croisées et d'avoir des avis alternatifs », conclut Hervé Gilibert. Quand l'espace donne aussi des leçons de philosophie d'action collective !

HERSCHEL

Naissance d'étoiles et de galaxies

INFRAROUGE : LE MOT EST BIEN CONNU. Des télécommandes d'appareils ménagers aux jumelles de visée nocturne utilisées par les militaires, la lumière infrarouge a de nombreuses applications pratiques. Elle fut découverte par William Herschel à la fin du XVIIIe siècle. On savait décomposer la lumière par des prismes, et Herschel voulut déterminer quelle était la couleur qui contenait le plus d'énergie. Pour cela, il projeta la lumière solaire sur un prisme et plaça un thermomètre à alcool successivement devant chacune des couleurs de l'arc-en-ciel, depuis le violet, jusqu'au rouge. Il constata que la température du thermomètre augmentait continuellement lorsqu'on le déplaçait du violet au rouge. Déplaçant son thermomètre au-delà du rouge, là où on ne voyait plus de lumière, il constata que le thermomètre continuait à grimper. Herschel démontra que cette radiation inconnue avait exactement les mêmes propriétés que la lumière visible. L'infrarouge était né, se situant entre 0,7 et 1 000 microns.

Faute de détecteurs sensibles, il faut attendre les années 1970-1980 pour que l'on exploite les propriétés remarquables de l'infrarouge. Les ondes électromagnétiques sont absorbées dans des milieux dont les constituants ont des tailles supérieures à leur longueur d'onde. Les nuages atmosphériques sont composés de grains de glace submicroniques qui absorbent la lumière visible, mais sont transparents aux infrarouges. Cette propriété fut la première à être exploitée, surtout par les militaires. Le processus d'émission le plus

Herschel

Mission	ESA
Lancement	Début 2009, en même temps que Planck Surveyor, par Ariane 5 depuis Kourou en Guyane
Masse	3250 kg
Dimensions	7 x 4,3 m
Orbite	Point de Lagrange L2 à 1,5 million de km de la Terre
Durée de mission	Nominale 3 ans

→ **Nébuleuse de l'Aigle,** prise dans le domaine infrarouge par le satellite Spitzer de la NASA. La nébuleuse de l'Aigle est située à 7 000 années-lumière de nous dans la constellation du Serpent. La couleur verte provient des régions remplies de poussière où l'on voit trois colonnes appelées les « piliers de la création » qui ont été photographiées dans le visible par le télescope spatial Hubble en 1995 (encart). La couleur rouge représente la poussière la plus chaude, poussière ayant été chauffée par l'explosion d'étoiles massives il y a 8 000 à 9 000 ans. Les piliers de la création ont été « sculptés » par le vent et les radiations produites par une vingtaine d'étoiles massives lors de leurs formations. Ce processus a très probablement enclenché la formation d'une nouvelle génération d'étoiles.

usuel est l'émission thermique d'un corps. Plus un objet est chaud, plus il émet une lumière à courte longueur d'onde. Le corps humain, à 37 °C, émet vers 10 microns. Une caméra thermographique sensible à 10 microns permet de voir directement l'émission d'un corps humain. On peut donc le voir même la nuit. Là encore, cet aspect n'a pas échappé à l'intérêt des militaires. Et ces deux propriétés expliquent également l'intérêt de l'infrarouge en astronomie.

On savait depuis longtemps que le milieu entre les étoiles n'était pas vide, mais rempli d'un mélange de gaz et de poussières. Cela s'est vu d'abord par l'absorption de la lumière visible, puis par les émissions dans les domaines visibles et radio. Dans les années 1970, grâce à la radioastronomie millimétrique, on découvrit des grands nuages remplis de molécules. On savait alors que les étoiles s'y forment, mais étant enfouies dans ces nuages opaques, et étant froides, elles ne peuvent être observées que dans l'infrarouge. Observer le ciel en infrarouge nécessite deux conditions : disposer de détecteurs sensibles et donc refroidis à très basse température, et disposer d'un observatoire embarqué sur un satellite pour s'affranchir de l'opacité de l'atmosphère terrestre aux infrarouges. Ce défi technologique a été relevé avec le satellite IRAS (InfraRed Astronomical Satellite) lancé en 1983 (États-Unis, Royaume-Uni et Pays-Bas).

Les premiers résultats d'IRAS dépassent les attentes des astronomes. On découvre l'ampleur des nuages interstellaires, on voit les étoiles se former et, plus inattendu, on découvre une nouvelle classe de galaxies qui émettent plus d'énergie dans l'infrarouge que dans le visible. Presque 100 % de la lumière des étoiles de ces galaxies est absorbée par les poussières interstellaires et réémise dans l'infrarouge par le rayonnement thermique des poussières. Les satellites ISO (Infrared Space Observatory), lancé en 1995 par l'ESA, et Spitzer en 2003 par la NASA, ont permis une étude fine et détaillée des objets découverts par IRAS, principalement dans les domaines de l'infrarouge moyen, entre 3 et 100 microns.

Au tout début de leur formation, les protoétoiles sont encore très froides, une centaine de degrés Kelvin (K) seulement, et le pic de leur émission se situe vers 150 microns. Dans les premières étapes de leur évolution, les galaxies passent par des épisodes intenses de formation d'étoiles, qui ne s'observent que dans l'infrarouge avec un pic d'émission entre 60 et 100 microns. Mais le décalage vers le rouge dû à l'expansion de l'Univers fait que, pour les galaxies lointaines, ce pic est repoussé au-delà de 200 microns. Herschel, un observatoire spatial qui sera lancé par l'ESA au début 2009, est optimisé pour l'infrarouge lointain et devrait permettre des avancées significatives dans ces deux domaines scientifiques.

Avec un télescope de 3,5 mètres de diamètre, Herschel sera le plus grand observatoire spatial jamais lancé. Il embarque trois instruments : deux instruments d'imagerie et de spectroscopie à moyenne résolution, PACS (Photodetector Array Camera and Spectrometer) entre 60 et 200 microns, et SPIRE (Spectral and Photometric Imaging REceiver) entre 200 et 600 microns ; ainsi qu'un spectrographe à très haute résolution HIFI (Heterodyne Instrument for the Far Infrared). Les programmes scientifiques de PACS et SPIRE concernent principalement la formation des étoiles, la physique des galaxies et l'étude des galaxies les plus lointaines. HIFI est surtout destiné à des études physico-chimiques du milieu interstellaire, et plus particulièrement à l'étude de la vapeur d'eau, qui se trouve en abondance dans la plupart des objets de l'Univers. Les industriels et les laboratoires français ont eu une contribution très importante pour ce projet. Thales Alenia Space est le maître d'œuvre du satellite. Astrium a fabriqué le télescope, en utilisant du carbure de silicium (SiC) pour la première fois sur un télescope de cette taille.

↑ **La structure support du miroir primaire de « 5 mètres de diamètre » de Herschel.**

Les laboratoires français ont eux participé aux trois instruments. Le Centre d'étude spatiale des rayonnements (INSU-CNRS) à Toulouse et le Laboratoire d'étude du rayonnement et de la matière en astrophysique (Observatoire de Paris, INSU-CNRS) ont eu des contributions importantes pour HIFI, électronique digitale et une des chaînes de détection. Le Laboratoire d'astrophysique de Marseille (INSU-CNRS) et le Service d'astrophysique (CEA) à Saclay ont contribué à la conception optique et mécanique et à l'électronique de SPIRE, et enfin, le CEA a fourni le photomètre de PACS équipé de détecteurs d'un type entièrement nouveau. Ces détecteurs sont des matrices de bolomètres fonctionnant à 300 mK, soit 0,3 K au-dessus du zéro absolu. Elles sont refroidies grâce à un cryogénérateur spécifiquement développé au CEA Grenoble. L'originalité de ces matrices est qu'elles permettent, pour la première fois, de faire de véritables images en une seule prise, comme avec un CCD dans le visible. Ces matrices de bolomètres constituent un véritable saut technologique, sans équivalent pour l'instant, même dans des observatoires au sol.

Il reste maintenant à espérer que Herschel, ce bijou technologique, ait des performances en vol comparables aux estimations issues des mesures préliminaires effectuées pendant la calibration au sol. Herschel sera alors capable de mener à bien l'ensemble des programmes scientifiques prévus, et pourquoi pas nous révéler des faces encore inconnues de l'Univers.

Laurent Vigouroux

↑ **Modèle de vol du télescope du satellite ISO, en cours d'intégration.**
On remarque nettement le grand disque doré du miroir primaire de 60 centimètres de diamètre, ainsi que le support tripode du miroir secondaire qui concentre la lumière sur le plan focal situé derrière le miroir primaire.

↑ **Herschel dans la salle d'intégration de l'ESTEC.**
Au premier plan le miroir. Derrière, en noir, le cryostat avec les instruments.

↑ **Une matrice de bolomètre,**
pour la voie à courte longueur d'onde du photomètre de l'instrument PACS. La matrice est au centre d'une plaque refroidie à 300 mK (-272,8 °C) qui est fixée mécaniquement par des suspensions en fil kevlar sur la structure cylindrique externe, elle-même à 2 K. En bas, on voit le doigt froid en cuivre permettant de maintenir les bolomètres à 300 mK.

Regards de

Roger Malina,
directeur de recherche au CNRS, Laboratoire d'astrophysique de Marseille

Ce n'est pas la première fois que l'on pose la question à Roger Malina : qu'est-ce qui a poussé cet astronome américain à quitter la prestigieuse université de Berkeley pour le Laboratoire d'astrophysique de Marseille (LAM) ? Il y a d'abord un lien affectif avec la France pour ce « chercheur spatial de la deuxième génération » comme il se qualifie lui-même. Cet Américain, né à Paris en 1950 de parents venus à l'Unesco pour jeter les bases d'une communauté scientifique internationale, incarne bien l'esprit de coopération qui règne dans la communauté spatiale. Ce chercheur, qui s'est tourné très tôt vers les fusées-sondes, connaissait de longue date la réputation du LAM, avec qui il avait eu maintes fois l'occasion d'échanger et de travailler sur les premiers instruments d'astronomie ultraviolet. « Nous formions une petite communauté de scientifique et c'est cette collaboration étroite qui a permis mon transfert dans ce labo que je considérais comme l'un des premiers en technologie spatiale », précise-t-il.

De nombreux travaux sont en effet à mettre à l'actif de ce laboratoire spécialisé en optique avancée. « Ce sont, par exemple, les opticiens du labo qui sont venus à bout d'un problème délicat de focalisation du télescope Hubble. Toujours dans le cadre de cette coopération internationale, le laboratoire a participé à l'élaboration des instruments du satellite GALEX dont le but était de cartographier le ciel dans la bande ultraviolet. » Grâce à cette longueur d'onde, on peut identifier la lumière émise par les étoiles très chaudes et ainsi cartographier puis répertorier des millions de galaxies. Ainsi se dévoile une nouvelle géographie de l'Univers qui remet en cause bien des idées reçues. « Avec des instruments comme GALEX qui peut voir à peu près 80 % de notre Univers né il y a 14 milliards d'années, on assiste à la formation des jeunes galaxies et on retrace toutes les étapes de leur évolution. Nous sommes ainsi passés à une conception d'un Univers stable à un Univers à l'histoire perturbée où les galaxies sont soumises à de nombreuses perturbations et interactions. »

La construction des générations de satellites n'est-elle pas le résultat d'une suite d'interrogations ?

Ces recherches suscitent sans cesse de nouveaux questionnements et, par ricochet, la mise en place de nouveaux instruments plus performants. « La construction de ces générations de satellites n'est-elle pas finalement le résultat d'une suite d'interrogations ? se demande Roger Malina. On conçoit un satellite pour aller vers une connaissance de plus en plus précise sachant que jamais rien n'est définitif. » Alors le laboratoire travaille déjà à une prochaine étape : la réalisation d'un satellite dont la mission sera de tenter de cartographier cette matière noire invisible qui composerait 75 % de notre Univers et dont on ne sait rien sauf qu'elle provoque des effets gravitationnels... « Ces expériences permettent de mesurer combien la vision de l'homme et ses sens sont limités, car la lumière visible nous donne une perception très faussée de notre environnement... L'histoire de l'astronomie peut finalement se lire comme une série de défis pour aller au-delà du visible, dépasser les limites de nos sens pour comprendre notre Univers », résume Roger Malina. Et ne dit-on pas qu'au royaume des aveugles les borgnes sont rois ?

amp d'étoiles pris avec un temps de pose
ong montrant le déplacement dans le ciel
objets.

PHYSIQUE
FONDAMENTALE

Un laboratoire de physique grandeur nature

La physique fondamentale cherche à comprendre et à unifier les lois qui régissent la matière, l'espace et le temps. Vaste sujet ! Mais malgré l'immensité et la diversité de notre Univers, les physiciens ont montré qu'il est très économe sur les éléments de base et les forces en jeu. À toutes les échelles, des particules élémentaires aux amas de galaxies, et à tous les degrés de complexité, du simple atome d'hydrogène aux macromolécules du vivant, il obéit à un petit nombre d'interactions que la physique fondamentale cherche à élucider.
La physique fondamentale est bâtie sur des principes utilisant des notions telles qu'invariance, symétrie, universalité. Depuis Isaac Newton et l'universalité de la chute libre des corps, d'immenses avancées ont été faites grâce à un formalisme mathématique de plus en plus élaboré. Deux grandes révolutions théoriques ont eu lieu, la relativité générale et la physique quantique. La relativité générale d'Einstein a changé la conception de l'espace et du temps qui ne sont plus des entités intrinsèques et immuables mais s'entremêlent dans l'espace-temps. Elle décrit aussi la gravitation en l'identifiant à la géométrie de l'espace-temps. Quant à la physique quantique, elle marque la fin du déterminisme classique en faveur d'une incertitude inévitable et introduit la notion de discontinuité dans les interactions entre deux systèmes. À côté de l'interaction gravitationnelle, les trois autres interactions fondamentales – l'interaction électromagnétique (responsable de la structure des atomes), l'interaction nucléaire forte (créant la cohésion des noyaux atomiques), l'interaction nucléaire faible (à l'origine des désintégrations radioactives) – sont décrites par une théorie quantique appelée modèle standard de physique des particules.
Ces deux théories sont allées de succès en succès, chacune dans son domaine. La relativité générale a passé toutes les épreuves : déviation des rayons lumineux au voisinage d'un corps massif comme le Soleil, dilatation du temps, la vitesse des observateurs ou l'intensité du potentiel gravitationnel influant sur la vitesse d'écoulement du temps, autant d'effets vérifiés par l'expérience en comparant des signaux d'horloges situées à des endroits différents. Si le logiciel de GPS, et bientôt de Galileo, ne tenait pas compte de ces effets relativistes, la qualité du positionnement dériverait de 30 centimètres chaque seconde et le système serait inutilisable !
Mais, alors, pourquoi les physiciens ne sont-ils pas satisfaits ? C'est qu'il reste des questions qui pourraient bien remettre en cause ce bel édifice. Car la physique fondamentale est confrontée à des problèmes conceptuels très sérieux.
Entre les représentations classique (relativiste) et quantique se posent des problèmes de cohérence mathématique. Leurs principes semblent incompatibles. C'est un vrai casse-tête, non pas dans notre vie de tous les jours, bien sûr, mais dans les situations où gravitation et physique quantique ont toutes les deux à jouer un rôle majeur. Imaginez-vous à l'intérieur d'un trou noir ou dans l'Univers primordial. Vous auriez besoin à la fois de la relativité générale qui définit la structure géométrique

de l'Univers et du modèle standard de physique des particules qui décrit son contenu en matière. C'est pourquoi de nombreux physiciens cherchent une théorie unifiée décrivant à la fois les interactions gravitationnelles et non gravitationnelles. De minuscules effets violant la relativité générale seraient alors observables. Les physiciens constatent aussi que la dynamique du mouvement des galaxies et de l'Univers ne concorde pas avec les lois de la gravitation. Ils sont obligés d'ajouter des composantes de matière et d'énergie « noires » pour justifier les anomalies détectées. En se basant sur la relativité générale, ces composantes inconnues constitueraient 96 % de notre Univers ! De nouvelles expériences sont proposées pour élucider la nature de ces composantes. Mais certains indices pourraient pencher en faveur d'une modification des lois de la gravitation à grande échelle.
Ces nouvelles idées relatives à la gravitation, à la géométrie de l'espace-temps, à l'existence éventuelle de nouvelles particules ou de dimensions supplémentaires, à la nature de la matière et de l'énergie noires devront être confrontées à l'expérience. L'utilisation de l'espace, notamment par les conditions de chute libre ou les distances considérables qu'il procure, sera inéluctable. Des expériences spatiales sont déjà en préparation pour tenter de mettre en évidence une violation du principe d'équivalence entre masse pesante et masse inerte, à la base de la relativité générale, ou encore une dérive des constantes fondamentales avec le temps que l'on pourrait détecter en comparant des signaux d'horloges avec une sensibilité extrême encore jamais atteinte. Les instruments de ces futures expériences prennent forme avec les accéléromètres MICROSCOPE, l'horloge à atomes refroidis PHARAO et le transfert de temps par lien laser T2L2. Tous ces instruments pour arpenter l'espace-temps sont aussi ceux qui permettront une navigation précise à l'avenir. Ils devront mesurer des effets extrêmement ténus mais fondamentaux...

Sylvie Léon

↖ **Projecteur de profil.**
Un des outils de base pour la réalisation des composants destinés à l'espace et capable de visualiser le moindre défaut en trois dimensions.

↖ **Détail de la dalle optique avec la maquette de la source laser de PHARAO,** le projet d'horloge atomique embarquée sur la Station spatiale internationale, dans le laboratoire laser et optoélectronique du CERT-ONERA à Toulouse.

↑ **La galaxie du « Têtard » UGC 10214.**
La structure très déformée de cette galaxie est due à la collision avec une autre galaxie. Les forces gravitationnelles ont créé cette très grande queue de plus de 280 000 années-lumière (notre Galaxie a un diamètre de 100 000 années-lumière). Elle est constituée de gaz, de poussière et de millions d'étoiles en formation, la couleur bleue indiquant qu'il s'agit d'étoiles massives.

L'amas de galaxies CL 0024, photographié avec le télescope spatial Hubble (NASA-ESA). Les galaxies au centre de cet amas, sont en fait derrière et sont beaucoup moins brillantes. Cet effet est dû à la présence d'une matière non visible dans l'amas : la matière noire. Par ailleurs, l'accélération de l'expansion de l'Univers pourrait être due à une forme d'énergie inconnue : l'énergie noire. Mais les physiciens de la gravitation commencent à avoir des doutes : les lois de la gravitation seraient-elles modifiées à ces grandes échelles ?

Nathalie Palanque-Delabrouille
physicienne au CEA, Institut de recherche sur les lois fondamentales de l'Univers

Nathalie Palanque-Delabrouille, après ses études d'ingénieur, a été aspirée par les étoiles et l'astrophysique... Partie aux États-Unis débuter sa thèse, elle participe à l'expérience EROS (Expérience de recherche d'objets sombres) dont l'objectif était de mieux comprendre la matière noire qui compose l'Univers. « L'expérience avait pour but de mettre en évidence un effet de loupe gravitationnelle. Ce phénomène avait été prévu par Einstein, mais il avait conclu que le fait que des objets massifs puissent agir comme des amplificateurs de lumière sur des objets lumineux situés derrière produisait un effet tellement faible que l'on ne pouvait pas le détecter. » Quelques décennies plus tard, la question est à nouveau posée lorsqu'en 1986 un astronome polonais applique la théorie au cas particulier des étoiles situées dans le nuage de Magellan en constatant que des objets massifs mais non lumineux de notre Galaxie pouvaient agir comme des loupes gravitationnelles. À partir de là l'expérience américaine MACHO et l'expérience française EROS ont cherché à détecter ce phénomène d'amplification de lumière sur des étoiles situées à la périphérie de notre Galaxie dans le but de déceler enfin la matière noire. « Cela a été une vraie aventure qui a duré une quinzaine d'années. L'expérience américaine affirmait avoir détecté une quantité suffisante d'objets sombres pour interpréter la masse invisible de notre Galaxie, tandis que l'expérience française validait bien le phénomène mais concluait que la quantité d'objets trouvés n'était pas suffisante. Finalement une troisième expérience est venue confirmer la version française il y a moins d'un an. Le phénomène de loupe gravitationnelle est bien réel, mais la matière noire de notre Galaxie ne se trouve pas majoritairement sous la forme des objets sombres recherchés. » Ce type de confrontation entre chercheurs, qui peut paraître étrange aux non-initiés, est finalement au cœur des travaux des astrophysiciens en quête des origines de l'Univers. « La finalité de toutes ces expériences est de mettre la théorie physique à l'épreuve de l'observation, sachant que l'observation peut être faussée par de multiples biais. Il faut souvent plusieurs générations d'expériences avant qu'un résultat soit validé et accepter que chaque nouvelle découverte puisse venir remettre en cause ce que l'on croyait acquis... » Ainsi après avoir daté l'Univers et l'avoir confronté à la théorie du Big Bang, une autre révolution est venue bousculer les certitudes... Jusqu'à présent, on a toujours considéré que l'Univers était en expansion, les galaxies s'éloignant de nous d'autant plus vite qu'elles sont loin... Un peu comme un ballon de baudruche que l'on gonfle, et que, logiquement, la matière avait tendance à ralentir son expansion. Or, à la surprise générale, l'observation a prouvé que l'Univers avait une expansion qui s'accélérait au lieu de décélérer. C'est sur cette énigme que Nathalie Palanque travaille en étudiant les supernovae, ces explosions d'étoiles qui permettent de reconstituer la vitesse d'expansion de l'Univers et tenter de comprendre ce drôle de phénomène... « La matière ne ralentit pas l'expansion : il y a donc quelque chose que l'on ne comprend pas : soit la relativité générale est fausse, soit il existe une forme d'énergie dans l'Univers qui accélère l'expansion. On l'appelle énergie noire ou quintessence. Elle constituerait 70 % de l'Univers et obéirait à des lois encore inconnues. » Les recherches actuelles s'orientent donc sur cette mystérieuse énergie noire, cette composante majeure de l'Univers qu'Einstein avait pressentie un temps en introduisant une « constante cosmologique » par la suite abandonnée et qui, désormais, est à réintroduire dans toutes les équations...

Chaque nouvelle découverte peut remettre en cause ce que l'on croyait acquis

Au début du XVIIe siècle, Galilée, qui construisit l'un des premiers microscopes et fut à l'origine de la lunette astronomique éponyme, imagina pour la première fois de tester la chute des corps. Lâchés depuis le sommet de la tour de Pise, le mouvement d'un boulet de canon et d'une boule en bois était comparé : le principe d'inertie et l'universalité de la chute des corps étaient nés. Newton établit un demi-siècle plus tard sa loi de la gravitation en observant précisément le mouvement des planètes. C'est la théorie géométrique de la relativité générale d'Einstein qui décrit aujourd'hui la gravitation, elle fut confirmée par Eddington, trois ans après sa publication, lors de l'éclipse du Soleil en 1919. Comme on le voit dans ce bref raccourci de l'histoire, l'espace, avant même les satellites, a toujours été le champ privilégié pour tester les lois de la gravitation. C'est aujourd'hui le lieu d'expériences dédiées.

Le principe d'équivalence, énoncé par Einstein comme un postulat à sa théorie, est aujourd'hui le cœur des objectifs du projet spatial MICROSCOPE : toute expérience de physique réalisée dans un laboratoire soumis à un champ de gravité ou accéléré à l'identique doit donner le même résultat. Ce principe est violé si le mouvement de corps en chute libre dépend de leur composition. Depuis trois décennies, les théoriciens tentent de rapprocher la gravitation et les trois autres interactions fondamentales – électromagnétique, nucléaire faible et nucléaire forte – dépassant le modèle standard ; il apparaît alors indispensable de guider ces travaux par de nouveaux résultats expérimentaux. Parce que les nouvelles théories en gestation pour réunir mécanique quantique et gravitation prédisent, à un niveau encore indéterminé, une violation du principe d'équivalence, il est devenu primordial de dépasser les limites des expériences de laboratoire en la matière. Seul l'environnement spatial à bord d'un satellite peut le permettre.

MICROSCOPE est un petit satellite de 200 kg, 200 kg de haute technologie autour de quatre simples masses tests, cylindriques, inertes, d'un demi à un peu plus d'un kilo !

MICROSCOPE

(**MICRO**-**S**atellite à traînée **C**ompensée pour **O**bservation du **P**rincipe d'**E**quivalence)

Mission	CNES en partenariat avec l'ONERA et l'Observatoire de la Côte d'Azur
Lancement	Prévu 2010
Masse	200 kg
Dimensions	0,9 x 0,9 x 1,3 m
Orbite	Polaire à 800 km d'altitude
Durée de mission	Nominale 18 mois

MICROSCOPE

La gravitation à l'épreuve de l'espace

↗ **La croix d'Einstein.**
Il s'agit d'une image multiple, celle d'un quasar, occasionné par l'effet de mirage gravitationnel. Au centre une galaxie se situant à environ 400 millions d'années-lumière, derrière un quasar à plus de 8 milliards d'années-lumière. Avec sa masse importante, la galaxie joue le rôle de lentille gravitationnelle et, en déformant la trajectoire de la lumière provenant du quasar, crée ces quatre images. Cet effet était prévu par Einstein.

Ces masses, concentriques par paire, verront leur mouvement orbital observé avec une précision subatomique, à une altitude d'environ 800 kilomètres autour de la Terre. Elles constituent en fait le cœur d'accéléromètres ultrasensibles dédiés. Le mouvement relatif de chacune des masses tests est contrôlé par rapport à sa compagne au moyen de forces électrostatiques extrêmement ténues : un million de million de fois plus petites que le poids d'un gramme.

Les deux premières masses sont réalisées respectivement en alliage de platine et de titane. Si les deux masses soumises au même champ de gravité nécessitent, pour garder la même orbite, d'être soumises à des champs électriques dissymétriques, sources de forces distinctes, alors l'expérience révèle une violation de l'universalité de la chute des corps et donc du principe d'équivalence. Les deux autres masses concentriques sont de composition identique, en alliage de platine. Elles sont entourées du même jeu d'électrodes réalisées à la surface de cylindres en silice dorée. La qualité d'usinage des géométries du montage est également requise au micron, la propreté et l'étanchéité du boîtier instrumental maintiennent de même un vide de grande qualité nécessaire à la pureté du mouvement des masses. Ce deuxième instrument, similaire au premier, permet de vérifier la précision de l'expérience évaluée au moins cent fois meilleure que celle aujourd'hui atteinte, soit sensible à une anomalie du champ d'accélération d'une partie pour mille millions de millions.

Pour atteindre une telle précision, MICROSCOPE doit constituer un fantastique cocon pour les deux instruments. Les deux accéléromètres différentiels sont en effet intégrés au centre d'une enceinte thermique, très finement isolée de tous les équipements du satellite dont l'orbite est choisie héliosynchrone : l'orientation de son plan orbital reste fixe par rapport à la direction du Soleil. Ses panneaux solaires, dans le plan orbital, sont donc toujours éclairés de manière optimale, limitant leur taille. Mais, surtout, les conditions thermiques des différentes faces du satellite restent particulièrement stables, aux effets du rayonnement terrestre près. Un radiateur extérieur, monté sur la face opposée au Soleil, permet aux instruments d'évacuer leur puissance électrique consommée. Entouré d'un cône protecteur évitant de le soumettre à l'albédo terrestre fluctuant, il garde une température quasi constante. Ainsi, les variations de température aux alentours des masses devaient être inférieures à 1 millidegré Celsius.

Le mouvement d'attitude du satellite est également extrêmement contrôlé afin de limiter les accélérations centrifuges et centripètes parasites et de connaître précisément la carte du champ de gravité terrestre appliqué à chaque masse. Son pointage peut être fixe par rapport aux étoiles lointaines, ou tournant lentement avec une période de l'ordre de mille secondes. Le monopole gravitationnel terrestre est vu ainsi par les deux masses, en rotation autour de celle-ci ; ceci permettra de réaliser le traitement des mesures dans des directions privilégiées et de filtrer les signaux parasites inévitables.

Le contrôle du mouvement du satellite autour de son centre d'inertie ou le long de sa trajectoire est effectué par l'actuation continue de douze micropropulseurs particuliers placés aux coins du satellite. Ce dernier est poussé très précisément pour suivre le mouvement des masses sans les perturber, les forces de traînée aérodynamique ou de pressions radiatives appliquées sur ses surfaces sont donc compensées. Ainsi les 200 kg du satellite « tombent » comme les masses tests autour de la Terre grâce à un subtil système automatique qui exploite les mesures délivrées par l'instrument.

Le satellite fournit également un blindage magnétique et électrique à l'expérience, ainsi qu'une grande stabilité mécanique. Enfin, le lecteur aura compris que la chute des masses tests pourra se poursuivre ainsi durant plusieurs mois. Cela laissera aux physiciens le loisir d'étalonner l'ensemble du dispositif et de comprendre les perturbations résiduelles qui pourraient apparaître malgré les conditions exceptionnelles de stabilité qu'offre le satellite. Pour en savoir plus, rendez-vous en 2010 ; commencera alors, après le lancement du satellite, la recherche du plus petit signal d'accélération jamais mesuré, et ceci à 7 kilomètres/seconde !

Pierre Touboul

↑ **Pendule antisismique**
pour essais d'accéléromètres en laboratoire à l'ONERA.

↑ **Banc d'usinage 3D par ultrasons (brevet ONERA) -**
usinage du modèle sol de la charge utile de MICROSCOPE en cours à l'ONERA.

→ **Intégration des accélomètres** en salle blanche à l'ONERA.

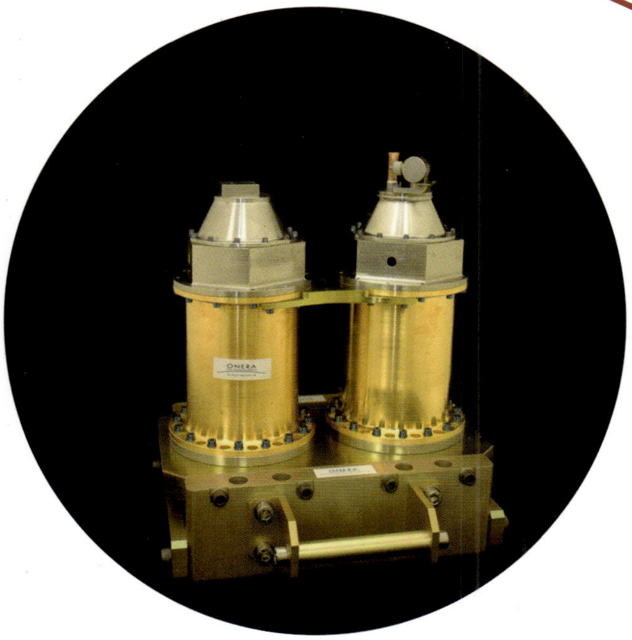

↙↘ **Vues en coupe de capteurs accélérométriques** développés par l'ONERA.

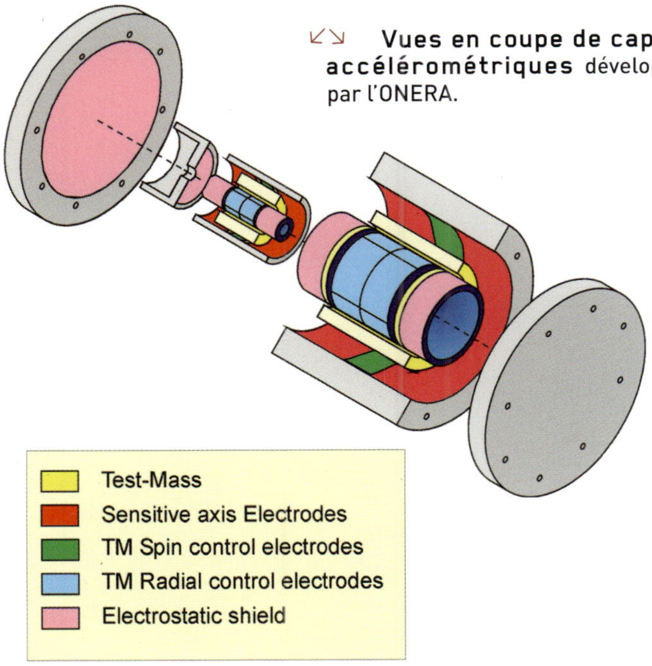

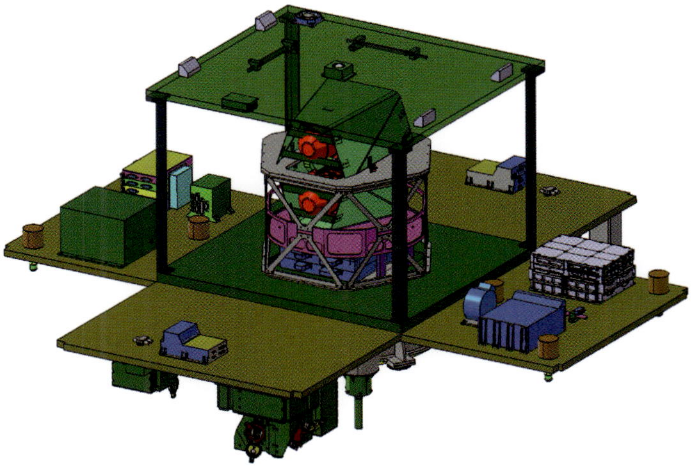

Les moyens de synchronisation d'horloges tiennent une place prépondérante dans de nombreuses applications comme la physique fondamentale, la diffusion d'échelles de temps, la géodésie, la navigation ou encore les modèles atmosphériques.

L'Observatoire de la Côte d'Azur (OCA) a adapté les techniques de télémétrie laser aux besoins du transfert de temps et a développé un lien laser dédié à la synchronisation d'horloges distantes. En 1988, ce fut l'expérience LASSO (Laser Synchronisation from Stationary Orbit), embarquée sur Météosat-P2, qui permit en 1992 de valider le concept de transfert de temps par lien laser. Aujourd'hui, ce concept est repris et amélioré avec le projet T2L2 (Transfert de Temps par Lien Laser), développé par le CNES et l'OCA et embarqué à bord de Jason 2.

T2L2

La mesure du temps

T2L2

(**T**ransfert de **T**emps par **L**ien **L**aser)

Instrument embarqué à bord de Jason 2, réalisé par l'Observatoire de la Côte d'Azur et le CNES. Son développement a été fait en vingt mois seulement

Lancement	À bord de Jason 2, le 20 juin 2008, par une Delta depuis Vandenberg aux USA
Masse	10,4 kg
Durée de mission	Nominale 3 ans

↗ **L'instrument T2L2 détecte les impulsions laser** grâce à deux sous-systèmes optiques utilisant des photodiodes à avalanche situées à l'extérieur du satellite Jason 2, près du miroir rétroréflecteur. Son système électronique permettant la datation précise de l'arrivée des impulsions est placé à l'intérieur du satellite. Au sol, les stations de télémétrie laser sont également équipées d'un système datant le départ et le retour des impulsions laser.

La télémétrie laser est basée sur la mesure du temps de vol d'une impulsion lumineuse très brève, entre une station laser au sol et la cible à mesurer. La précision atteinte sur l'estimation de la distance, notamment limitée par les effets atmosphériques, est de l'ordre de quelques millimètres. Il existe un réseau international d'une quarantaine de stations laser réparties autour du globe qui mesurent quotidiennement la position de plus de vingt-cinq satellites. La cible la plus lointaine est la Lune (384 000 kilomètres) sur laquelle ont été placés cinq panneaux de rétroréflecteurs aux cours des différentes missions lunaires.

Le projet de transfert par laser T2L2 doit permettre la synchronisation d'horloges avec une exactitude de 0,1 milliardième de seconde et une stabilité sur le court terme de

1 millième de milliardième de seconde. C'est presque cent fois plus performant que les techniques actuelles de transfert de temps !

Le transfert de temps T2L2 utilise des impulsions laser que l'on envoie à partir de plusieurs stations laser au sol vers un satellite équipé d'une horloge et d'une instrumentation de datation des impulsions lumineuses. Les stations au sol tirent en direction du satellite en enregistrant les dates de départ des impulsions laser dans leur temps local. À bord du satellite, l'instrument T2L2 enregistre la date d'arrivée dans le temps de bord. Un système de rétroréflecteurs renvoie une fraction de l'impulsion vers la station sol qui enregistre alors la date de retour. C'est à partir de ces dates que les décalages entre les horloges sont calculés.

Dans le principe, la synchronisation de deux horloges éloignées ne peut se faire que si l'on connaît avec précision le temps nécessaire à la propagation des signaux reliant les horloges. Ce temps de propagation est réellement mesuré et calculé à partir de la différence entre la date de départ et de retour. C'est l'une des particularités qui en fait une technique de grande précision.

L'instrument spatial, développé en collaboration entre le CNES et l'OCA, est installé en tant qu'instrument passager sur le satellite d'altimétrie Jason 2. C'est un instrument qui se décompose en un boîtier électronique d'environ 30 centimètres de côté placé à l'intérieur de la charge utile du satellite, et un boîtier optique disposé à l'extérieur et pointé en direction de la Terre. C'est ce boîtier optique qui reçoit les impulsions laser en provenance des stations au sol. Le transfert de temps T2L2 sera comparé simultanément aux autres méthodes de transfert de temps courantes et notamment le GPS et le Two Way Time Transfert qui est aujourd'hui la meilleure technique de transfert de temps micro-onde opérationnelle. Ces intercomparaisons sont particulièrement intéressantes pour la réalisation des échelles de temps internationales et pour la mise en place de nouvelles méthodes tel le Two Way Phase. Avec une stabilité de quelque 10^{-17} sur dix jours et une exactitude d'une cinquantaine de picosecondes T2L2 permettra, par son principe de mesure radicalement différent, de mettre en évidence d'éventuelles erreurs systématiques inhérentes aux méthodes utilisées aujourd'hui. La comparaison en grandeur réelle des horloges les plus performantes disponibles est la meilleure expérience possible pour valider cette métrologie du temps fréquence. Ces comparaisons sont à la base de la mesure de la dérive de certaines constantes fondamentales de la physique.

Le projet permettra de mesurer l'anisotropie de la vitesse de la lumière en comparant, avec au moins deux stations laser, les écarts de temps de propagation aller-retour pour différentes orientations du faisceau laser par rapport au mouvement de la Terre autour du Soleil.

Une autre application est la validation de la télémétrie laser une voie où la distance séparant le satellite de la Terre est directement déduite de la différence entre les dates de départ au sol et d'arrivée au satellite des impulsions lumineuses. L'intérêt de cette télémétrie est la réalisation de mesures sur des distances de plusieurs milliards de kilomètres pour de futures missions interplanétaires.

Étienne Samain

→ **T2L2 :**
étalonnage en lumière continue à 532 nm.

↑ **Instrument PHARAO, horloge à atomes refroidis, en cours de test au Centre spatial de Toulouse.**

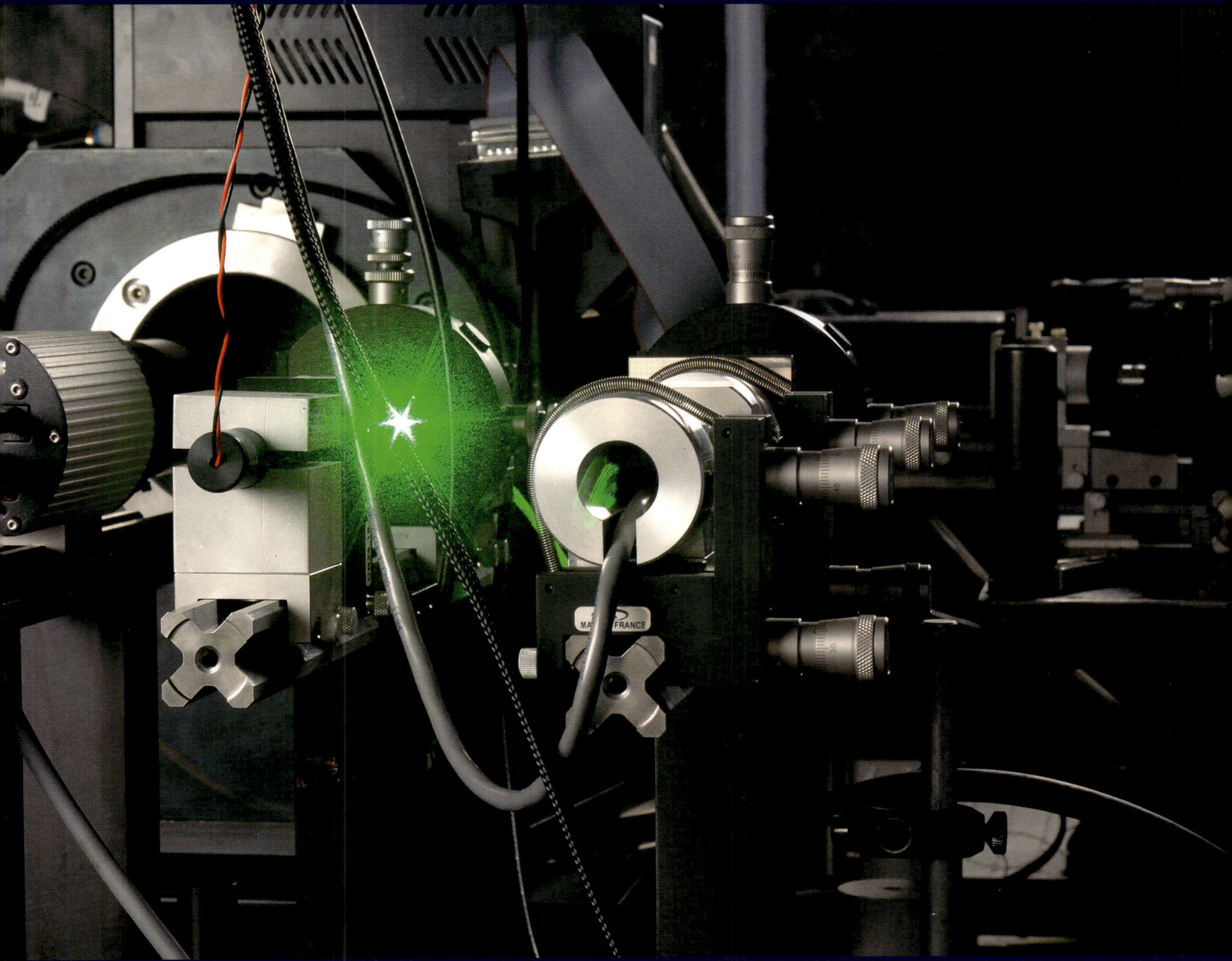

→ **Intégration du boîtier électronique de l'instrument T2L2 sur le satellite Jason 2,** chez Thales Alenia Space à Cannes.

NASA

HOMME ET ESPACE

Deux astronautes américains lors de la quatrième mission extravéhiculaire STS-110, effectuée en 2002.

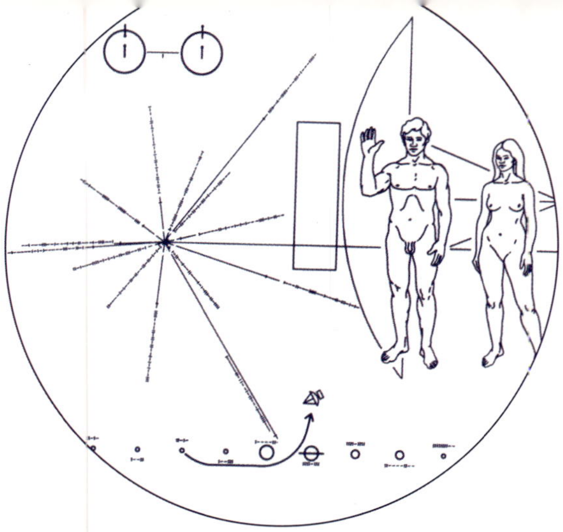

De la vie sur la Terre à l'homme dans l'Univers

La vie existe sur Terre depuis probablement 3,5 à 4 milliards d'années mais il reste peu de traces de ses débuts. Bêtes, plantes et hommes d'aujourd'hui ne sont qu'une infime partie de ce que nous appelons la biomasse. Dans le temps et à la surface de la Terre, la vie, très homogène au niveau de la biochimie et des métabolismes, s'est diversifiée à un point tel que des primates sont apparus doués, si ce n'est de raison, au moins d'imagination.

Depuis les premiers hominidés, le progrès technique expose notre espèce à des situations extrêmes et à des milieux hostiles. L'homme a toujours exploré, exploité, colonisé et contrôlé son environnement en élargissant son domaine d'activité.

Jadis, les grands explorateurs, navigateurs, conquérants de l'impossible ont parcouru des distances incroyables au travers des mers et océans. Les terres inexploitées et inexplorées par la civilisation ont de ce fait « disparu ». Les frontières terrestres sont ainsi tombées.

L'espace est la nouvelle terre de conquête, les autres planètes étant encore vierges. C'est pourquoi le début du troisième millénaire verra les projets d'exploration du système solaire se multiplier. À la différence des bateaux qui parcouraient les océans avec des équipages, les nouveaux vaisseaux qui traversent l'espace interplanétaire ne sont pas, actuellement, habités par l'homme mais par des robots, ce qui rend les missions beaucoup moins dangereuses.

L'expansion de l'espèce humaine dans l'espace est un progrès irréversible qui s'inscrit également dans l'évolution biologique de l'homme.

Depuis l'Antiquité, la puissance d'un État se mesure à la grandeur de sa zone géographique d'influence. L'espace est maintenant considéré comme une zone d'influence incontournable par les grandes nations, aussi bien dans le domaine militaire que civil. Ceci explique les défis tant scientifiques que techniques et une recherche constante d'indépendance et d'autonomie.

Ainsi la conquête de la Lune a beaucoup renforcé le prestige international des États-Unis. Du côté russe, l'accent a été mis sur la présence de l'homme dans l'espace pour des durées très importantes (437 jours pour un même cosmonaute) et sur la colonisation de l'espace avec des stations spatiales. Parallèlement, la Chine développe des expéditions humaines avec pour objectif majeur la conquête de la Lune ; il en est de même pour l'Inde.

Au-delà du cas particulier de l'existence et de la dispersion de l'espèce humaine dans le système solaire, limitée pour l'instant à la proche banlieue de la Terre, l'existence et la distribution de la vie dans le système solaire et au-delà continuent à fasciner nombre de personnes. Dès le début de l'ère spatiale, des engins spatiaux ont été envoyés vers les corps célestes qui nous entourent. Toutes les planètes du système solaire ont ainsi été explorées par des sondes automatiques. À l'évidence, tous ces corps diffèrent les uns des autres bien qu'ils aient été formés à partir du même matériau. Imaginer que certains pourraient avoir hébergé une forme de vie était possible. En passant en revue ce que nous savons ou ce que nous supposons sur les différents corps du système solaire, seule la planète Mars est susceptible d'avoir connu pendant quelques millions d'années de l'eau liquide à sa surface. Cette condition semble indispensable aux scientifiques pour que la vie ait une chance d'émerger. Depuis maintenant quarante ans, la planète est l'objet le plus exploré du système solaire ; Russes, Américains et Européens ont envoyé de nombreuses sondes pour observer,

cartographier, explorer, analyser son atmosphère et sa surface. Les connaissances accumulées n'ont pas encore apporté de réponse définitive et de nouvelles missions, dotées de laboratoires de plus en plus performants se préparent. D'ores et déjà, les grandes agences spatiales envisagent de coopérer pour organiser une mission qui rapporterait sur Terre quelques millilitres d'atmosphère martienne et quelques centaines de grammes d'échantillons du sol de la planète.
Les missions de ces dernières années ont apporté des données fascinantes sur les géantes gazeuses et surtout sur leurs satellites glacés. Europe, Encelade, Titan deviennent les cibles des missions automatiques à venir les plus ambitieuses mais aussi les plus difficiles et les plus risquées. Ces trois lunes très différentes ont cependant en commun de posséder probablement un océan très riche en eau liquide sous la couche de glace, de quelques kilomètres, qui les recouvre. Tous les ingrédients pourraient ainsi être réunis pour que commence à se développer, sinon la vie, du moins quelques-unes des étapes chimiques qui y mènent. Les moyens spatiaux visent aussi des objets qui nous viennent de plus loin comme les comètes qui portent aussi des molécules organiques qui ont probablement joué un rôle dans l'apparition de la vie sur Terre.
Depuis 1995, année de la découverte de la première planète orbitant autour d'une autre étoile que notre Soleil, plusieurs dizaines de systèmes planétaires ont été découverts. Des observatoires spatiaux et terrestres travaillant ensemble cherchent à en identifier de nouveaux. Ces découvertes stimulent les recherches technologiques afin de fabriquer des instruments capables d'analyser la lumière réfléchie par ces planètes lointaines. Peut-être pourrons-nous, avec ces futurs instruments, déceler dans cette lumière des indices d'une activité biologique. Toutes ces missions sont ambitieuses, difficiles et onéreuses. Le temps des grandes premières et de l'espace, signe extérieur de puissance industrielle et politique, commence à passer. Dès ses premiers pas, l'ambition de l'Europe a été plus fédératrice autour du développement du lanceur Ariane et d'autres programmes d'observation de la Terre ou d'études de l'Univers. Actuellement, l'espace rapproche les nations, favorisant des collaborations multipartites de grande envergure. La construction de la Station spatiale internationale en est l'illustration la plus aboutie. De telles coopérations devront s'intensifier à l'avenir pour relever les grands défis posés par les missions d'exploration robotiques ou habitées. Une expédition humaine sur la planète Mars, la plus ambitieuse des missions imaginables aujourd'hui, ne peut s'envisager que dans un tel cadre. Elle devrait nous éclairer sur l'évolution du système solaire et peut être même sur l'origine de la vie.
La conquête spatiale en est à ses débuts avec de nouveaux défis technologiques, scientifiques et médicaux à relever ; elle fera encore rêver bon nombre de générations.

Guillemette Gauquelin-Koch et Michel Viso

↖ **Plaque fixée sur la sonde Pionier 10,**
lancée le 2 mars 1972, expliquant les composants fondamentaux de notre planète et sa situation dans le système solaire.

↑ **Le projet Darwin de détection d'exoplanètes**
pouvant abriter les traces de vie.

↗ **Lever de Terre vu depuis le sol lunaire.**
Image réalisée par Apollo 8 en 1968.

Regards de

Jean-François Clervoy, ***astronaute***

Passionné de belles machines, de sensations fortes et de *Star Trek*, Jean-François Clervoy rejoint le CNES sitôt ses études terminées, pour étudier les objets spatiaux. Ce sera SPOT, le premier satellite équipé d'un microprocesseur et la sonde Véga où il se penchera sur un problème de caméra récalcitrante. « Ce qui me fascine toujours avec les satellites, c'est qu'en les construisant il faut se projeter mentalement dans l'espace. »

Au début des années 1980, il décide d'aller voir de près ces drôles de machines qui le font tant rêver et passe la sélection pour devenir astronaute. Après un vrai parcours du combattant, jalonné de multiples étapes – tests psychologiques, QI, pilotage, tabouret tournant, etc. –, il devient astronaute du CNES. Il étudie alors les premiers vols paraboliques et travaille sur le projet de navette européenne Hermès qui sera finalement abandonnée. Envoyé à Houston dans les années 1990, il rejoint la grande famille de la NASA et y effectue trois des dix-sept vols spatiaux auxquels ont participé les astronautes français. Aujourd'hui, tous les astronautes volent sous la bannière européenne et s'entraînent au centre de l'ESA de Cologne pour le seul programme de vol habité auquel l'Europe participe : la Station spatiale internationale (ISS). L'Europe spatiale apporte sa contribution à travers deux éléments principaux : le module laboratoire Colombus, qui permet de réaliser à bord toutes sortes d'expériences physiques et biologiques et le vaisseau ravitailleur ATV (Automated Transfer Vehicle). Véritable prouesse technologique, ce « camion » de l'espace de 19 tonnes, baptisé Jules-Vernes, est venu s'arrimer pour la première fois à la station en avril 2008. Il est prévu de lancer quatre ATV d'ici 2015, ou plus si la vie de la station est prolongée au-delà. Jean-François Clervoy se prononce en faveur d'une politique européenne plus ambitieuse sur les vols habités. « Avoir une capsule serait une étape fondamentale pour l'Europe. Ce pourrait être un projet fédérateur et identitaire très fort. »

Par ailleurs, au moment où l'on constate une certaine désaffection pour les carrières scientifiques, « le vol habité constitue un peu la vitrine de l'espace, un moyen d'attirer les jeunes cerveaux comme par le passé lors du programme Apollo aux États-Unis. Si une telle ambition était affichée, il y aurait une flopée de doctorants qui se lancerait sur l'espace et les technologies dérivées ». Même si la politique spatiale européenne est dynamique, la priorité des programmes spatiaux est aujourd'hui réservée aux satellites qui ont des retombées directes pour l'homme : communication, météo, navigation et observation de la Terre dont l'utilité est aujourd'hui démontrée, avec la surveillance de l'environnement et le réchauffement climatique. De son côté, l'ESA impulse des missions d'exploration de plus en plus ambitieuses démontrant le niveau acquis en technologies spatiales par la communauté scientifique européenne.

« Avec nos satellites, on se téléporte grâce aux machines que nous avons conçues, mais il n'en reste pas moins que l'expérience humaine directe reste irremplaçable, car l'astronaute a une perception de son environnement commune à tous les hommes. Philosophiquement, ces vols permettent de rapprocher l'homme de l'espace. » Jean-François Clervoy écarte donc les arguments de coût et la question de « l'utilité » d'envoyer des hommes dans l'espace. « Il s'agit avant tout d'un défi humain et faut-il trouver une justification scientifique à l'exploration qui n'est pas la recherche d'une solution à un problème mais simplement la quête du savoir ? Le propre de la nature de l'homme n'est-il pas d'essayer de repousser toujours plus loin les limites de ses connaissances ? » s'interroge l'astronaute, la tête dans les étoiles de la bannière bleue étoilée.

> *Le propre de la nature de l'homme n'est-il pas d'essayer de repousser toujours plus loin les limites de ses connaissances ?*

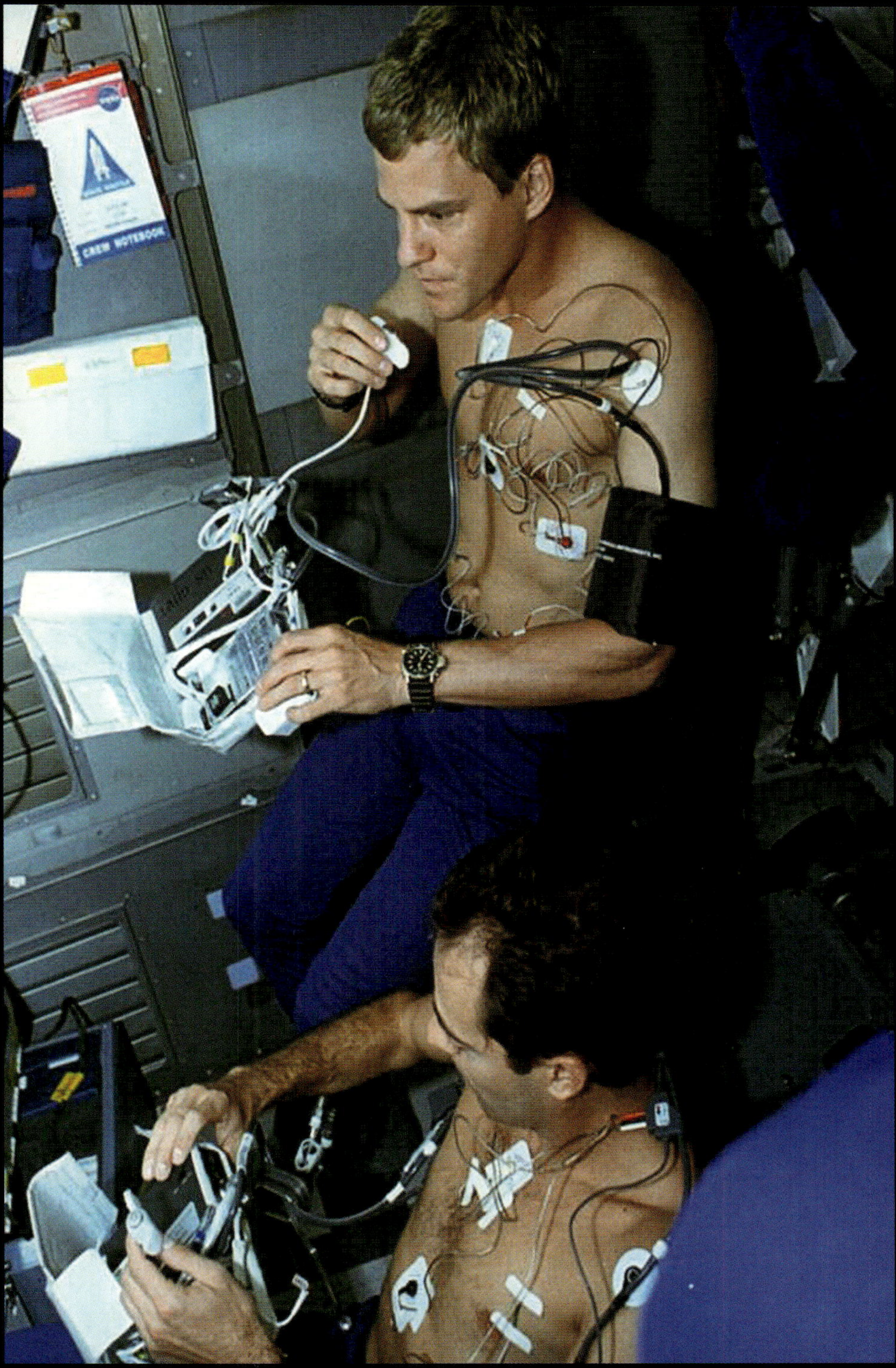

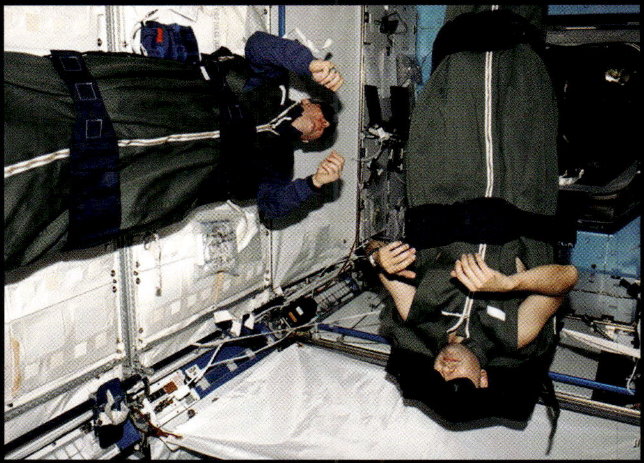

↑ **Souvent des cobayes d'expériences médicales,** Scott Parazynski et Jean-François Clervoy s'équipent eux-mêmes de capteurs.

↖ **Pendant les périodes de détente,** la lecture constitue un des loisirs des astronautes séjournant plusieurs mois à bord de la Station spatiale internationale.

← **Les astronautes dorment dans l'espace** comme en camping, mais dans n'importe quelle orientation à cause de l'impesanteur.

LA LEÇON DES SATELLITES

Le vivant construit par la gravité

By this, and this only, we have existed.
T. S. Eliot, *The Waste Land, V.*[1]

CINQUANTE ANS APRÈS LES PREMIERS VOLS SPATIAUX HABITÉS (humains ou animaux), les doutes sur l'utilité de l'homme en orbite basse persistent. Des titres d'ouvrages ou d'articles en témoignent : *La Passion de l'inutile*, *Fascinés par l'ailleurs*, *L'Impasse de l'espace*. La confusion vint du fait que l'homme était l'acteur principal des expéditions spatiales initiales et que celui-ci devait être en parfaite forme au retour. En effet, il devint très vite évident que des contre-mesures devaient être appliquées pour que l'astronaute ne présente pas trop de troubles dans la station (ou l'adaptation se fait rapidement au mal de l'espace) et surtout au retour (déconditionnement cardiovasculaire, atrophie musculaire, déminéralisation osseuse, troubles métaboliques). Ces troubles peuvent avoir un pronostic sévère, c'est pourquoi des contre-mesures indispensables masquent les effets physiologiques de l'absence de gravité. Il était (et est toujours) impossible de connaître les effets d'une absence de gravité sur l'organisation du vivant et en particulier sur l'homme. Bien plus, les conditions environnementales (température, luminosité, teneur en CO_2) étaient mal maîtrisées, sans parler du stress et de la charge de travail. Autre élément dont on devait tenir compte : l'inactivité, qui a des effets très semblables à la microgravité sur le système cardiovasculaire, l'os et le muscle. Les résultats obtenus lors de ces vols, même s'ils sont partiels, permettent d'entrevoir le rôle majeur de la gravité dans le développement du vivant.

En effet, c'est la gravité qui a façonné pendant des millions d'années le monde animal et végétal. Si la gravité n'existait pas, nous n'aurions pas besoin d'un système cardiovasculaire aussi complexe, en particulier avec la mise en place de mécanismes de protection permettant de maintenir une circulation normale lors de l'orthostatisme. Le tissu osseux serait inutile, de même que le tissu musculaire puisqu'une partie importante du rôle de ces systèmes est de lutter contre la pesanteur. Le tissu osseux est modelé en permanence par la gravité. Même remarque en ce qui concerne le système nerveux central (rôle de la gravité dans le contrôle des mouvements, de la mémorisation des formes, etc.). C'est la gravité qui nous a construits au cours de l'évolution. C'est elle qui nous façonne jour après jour. Ce rôle est déjà évident après quinze jours de microgravité où l'on voit des altérations majeures du système cardiovasculaire, du système osseux, musculaire et nerveux, pour ne citer que les principaux. Même à l'échelon cellulaire, la microgravité entraîne les modifications de l'expression des gènes et des altérations de la réponse et de la morphologie des cellules. Nous passons l'essentiel de notre vie à lutter contre la pesanteur. La démarche scientifique (elle date de Claude Bernard et se poursuit actuellement avec les animaux *knock-out*) consiste donc, pour mieux connaître un système, à étudier les conséquences de son exclusion. Ceci justifie amplement les études humaines ou animales faites lors des vols spatiaux. Il en va de même du règne végétal (gravitropisme). C'est ce que nous ont laissé entrevoir les expériences à bord de la station Mir ou de la navette. Une remarque concerne l'expérimentation animale et le coût de ces protocoles : c'est en 1784 que se manifesta pour la première fois une opposition à l'expérimentation animale puisqu'un chat avait été placé dans la nacelle d'un ballon (Engle et Lott « Man in flight »). À l'époque, certains pensaient qu'il aurait mieux valu investir dans l'asthme… L'animal sera indispensable à bord de stations automatiques comme cela a déjà été le cas (Biocosmos soviétiques, biosatellites américains) ou des futurs satellites (Bion et Biospoutnik). C'est seulement à bord de ces plates-formes que l'on pourra étudier les effets de l'absence de gravité et surtout son effet sur l'évolution.

[1] Par ceci et ceci seulement, nous avons existé.

↑ **Marsha Ivins a, exceptionnellement, relâché ses cheveux en impesanteur.**

Reste le problème de l'ISS qui permettrait de telles études. Apparemment, cela n'est pas à l'ordre du jour, d'autant que sa durée de vie est limitée, de même que dans les années 1970 un extraordinaire laboratoire spatial (Skylab) a été détruit, le programme spatial américain ayant changé. Les missions sur la Lune ou sur Mars nous intéresseront moins dans ce contexte puisqu'il persistera une certaine gravité.

Claude Gharib et Guillemette Gauquelin-Koch

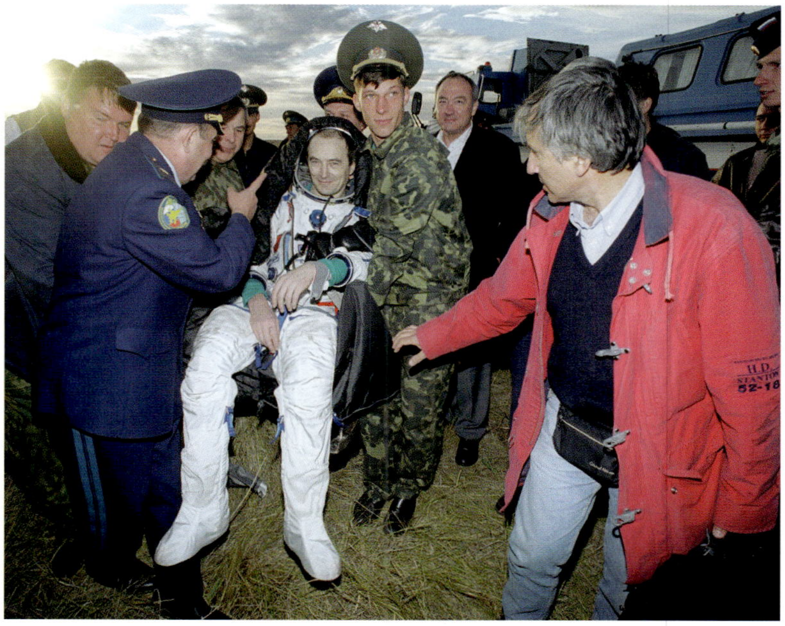

↑ **Le retour sur Terre de l'astronaute Jean-Pierre Haigneré après son séjour à bord de la station Mir.**

↑ **Sortie extravéhiculaire de l'astronaute David R. Scott lors de la mission Apollo 15. A droite, la jeep qui lui permettait de se déplacer pour collecter des échantillons lunaires.**

Pour une Terre toujours plus grande

D'abord, il n'y eut que ces milliers d'astres, accrochés à la voûte céleste comme pour la rendre moins austère ou la traversant d'un trait de lumière pour en marquer l'immensité. À ces derniers, les Grecs avaient donné le nom de planetes, qui signifie « voyageur » ou « vagabond ». Prévisibles ou erratiques, les routes cosmiques n'ont jamais cessé de fasciner l'œil et l'esprit des humains qui ont longtemps cherché à y discerner celles de leurs propres existences ; les dieux qui, du ciel, pouvaient scruter leurs vies sur la Terre n'avaient-ils pas aussi le pouvoir de les influencer, voire de les diriger tout comme ils le faisaient avec le cours des étoiles et des planètes ? Il a fallu attendre le XVIIe siècle pour que le regard porté sur ces corps célestes change et qu'ils soient considérés non plus comme les jouets des divinités, mais comme des objets animés « d'un mouvement quasi périodique autour d'un corps de masse prépondérante, ce mouvement étant principalement déterminé par le champ de gravité de ce dernier » *(Dictionnaire de spatiologie)*. Et c'est Kepler qui le premier usa du terme de satelles « au sujet des quatre corps errants accompagnateurs de Jupiter » (c'est le titre de sa publication). Si l'origine de satelles reste obscur, son sens est clair ; le mot désigne un garde du corps, un soldat, un auxiliaire, un complice. La langue française du Moyen Âge le connaît : vers 1265, satelite sert à désigner un homme armé qui exécute les ordres d'un chef ; vers 1500, orthographié satellite, il prend un sens moins militaire, celui d'un homme dépendant d'un autre, qui l'accompagne : la voie est ouverte à l'usage qu'en fait Kepler. Trois siècles plus tard, vers 1950, l'humanité prend en main son destin spatial : désormais, il n'est plus question de chercher à lire l'avenir dans la route des étoiles, mais de l'y inscrire grâce à des satellites conçus par l'intelligence humaine et

↑ **Robot de la future mission de la NASA, Mars Science Laboratory.**
Un laser de puissance fusionnera les roches pour les analyser par spectrométrie. Laser et télescope électronique sont réalisés par le Centre d'étude spatiale des rayonnements.

← **Mission ESA Exomars prévue en 2013,**
qui marquera une nouvelle étape de l'exploration martienne.

réalisés par ses mains. Au premier d'entre eux, les Soviétiques décident de donner le nom de *spoutnik*, autrement dit « compagnon de voyage ». D'autres langues n'ont pas oublié la signification plus militaire : en chinois, le satellite se dit *wei xing*, c'est-à-dire « astre gardien » ; en grec moderne, le satellite est resté un garde du corps, puisqu'il se dit *doryphoros*, c'est-à-dire « armé d'une lance ». La langue arabe, pour sa part, recourt à une autre comparaison encore : pour désigner Spoutnik et ses frères, elle parle de *qamar sana'i*, qui peut se traduire par « lune artificielle ».

Pourquoi, au terme de cet ouvrage, revenir à de telles considérations étymologiques ? Tout simplement parce que, loin d'être une liste à la Prévert, celle des noms conférés par les langues humaines aux machines et aux instruments présentés au fil de ces pages ne semble pas pouvoir épuiser les missions qui leur sont confiées. Une chose reste certaine : il ne s'agit jamais que d'auxiliaires. S'ils tournent inlassablement pour scruter notre planète essoufflée ou transmettre le flot croissant des informations dont nous avons besoin ou que nous produisons, s'ils orientent leurs yeux et leurs antennes vers les innombrables terrae incognitae que recèle notre Univers, s'ils bravent les mille et un dangers d'une traversée interplanétaire afin de se poser sur de minuscules cailloux cosmiques, ils ne sont jamais que les compagnons et les complices, les émissaires et les précurseurs d'êtres qui n'ont jamais vraiment choisi entre le nomadisme et la sédentarisation, entre le vagabondage et l'installation. Il est dans la nature des êtres que nous sommes de chercher inlassablement non seulement à repousser ou à franchir les frontières de la connaissance, mais aussi à planter leur tente et à s'installer sur une Terre toujours plus grande.

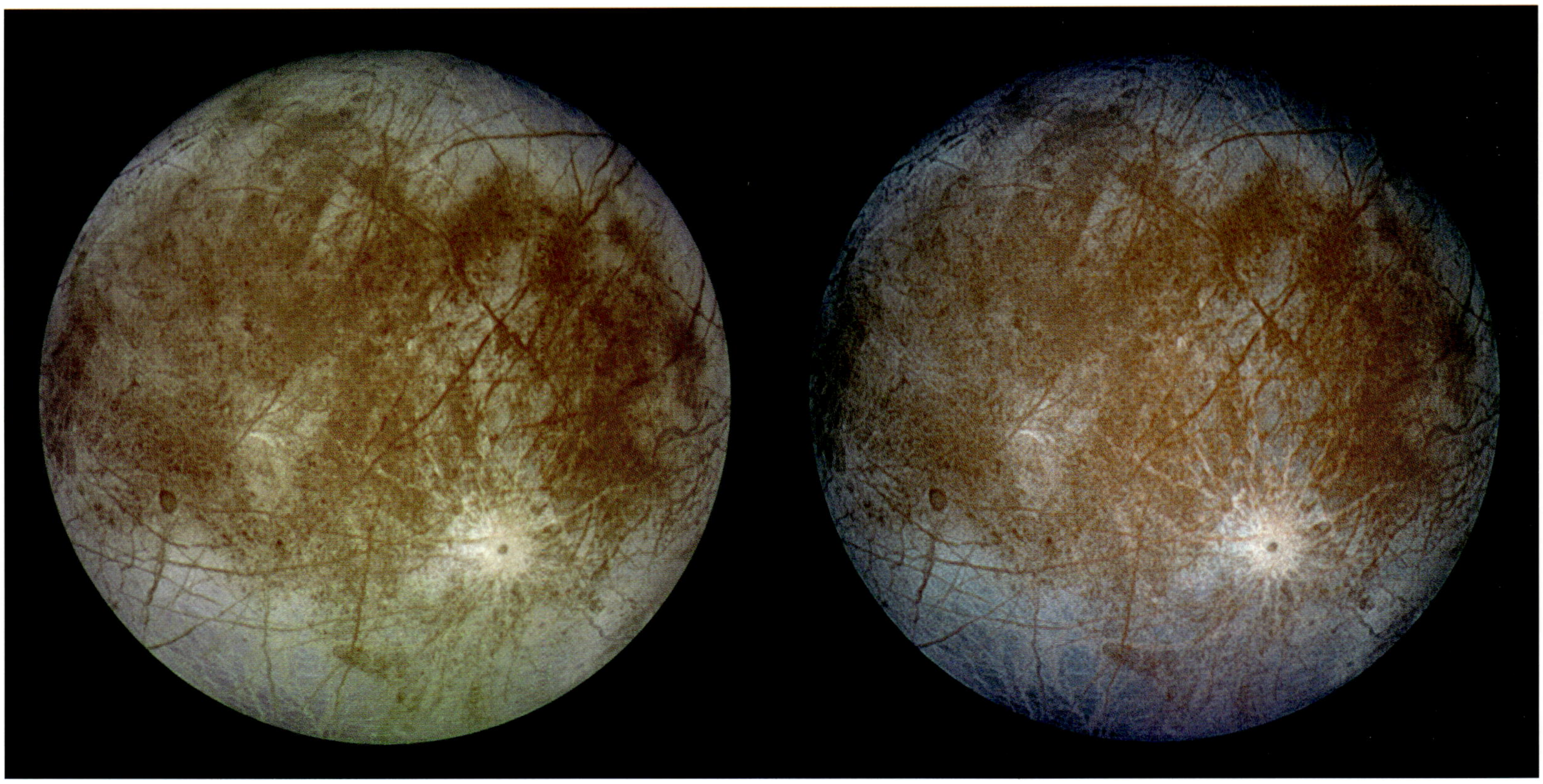

↑ **Europe, satellite de Jupiter, vu de deux façons différentes par la sonde Galileo de la NASA.**
À gauche dans les couleurs naturelles, à droite en fausse couleur permettant de faire ressortir la croûte glacée du satellite. Ces photographies prises le 7 septembre 1996 par la sonde montre l'environnement glacé d'Europe, avec à droite, en bleu clair, la glace à grain fin et, en bleu foncé, la glace à grain grossier. On pense que sous cette surface il y aurait peut-être un océan liquide…

→ **L'homme installe dans l'espace Hubble, le plus grand téléscope spatial…**

Toujours plus grande, notre Terre ? Oui, si nous ne l'enfermons pas dans la délicate enveloppe naturelle que constitue son atmosphère et reconnaissons que ses frontières sont désormais dessinées par les orbites et les trajets de nos compagnons cosmiques, les satellites. Greater Earth, la plus grande Terre : tel est le nom par lequel les spécialistes désignent le volume, le territoire spatial qui entoure la Terre et où pourront se dérouler la plupart des activités spatiales futures, sans demander une dépense énergétique trop importante. Les satellites apparaissent comme les indispensables auxiliaires de cette prochaine étape dans la quête d'espace, la conquête de l'espace. Auxiliaires, ai-je écrit et répété, car cette Terre, certes plus grande et désormais marquée par les sillons de nos techniques, doit en même temps devenir plus humaine. En concentrant l'Univers aux dimensions humaines, en dilatant l'humain aux dimensions de l'Univers, les satellites n'ont pas pris notre place ; au contraire, ils nous ont mis à l'endroit d'où les premiers astronomes modernes semblaient nous avoir chassés : le centre du cosmos. Grâce à nos compagnons célestes, nous occupons à nouveau un centre, non plus celui d'un monde clos et enfermé dans la fatalité, mais celui d'un Univers où la responsabilité, la précaution et le souci des générations futures relèvent de notre apanage.

Jacques Arnould

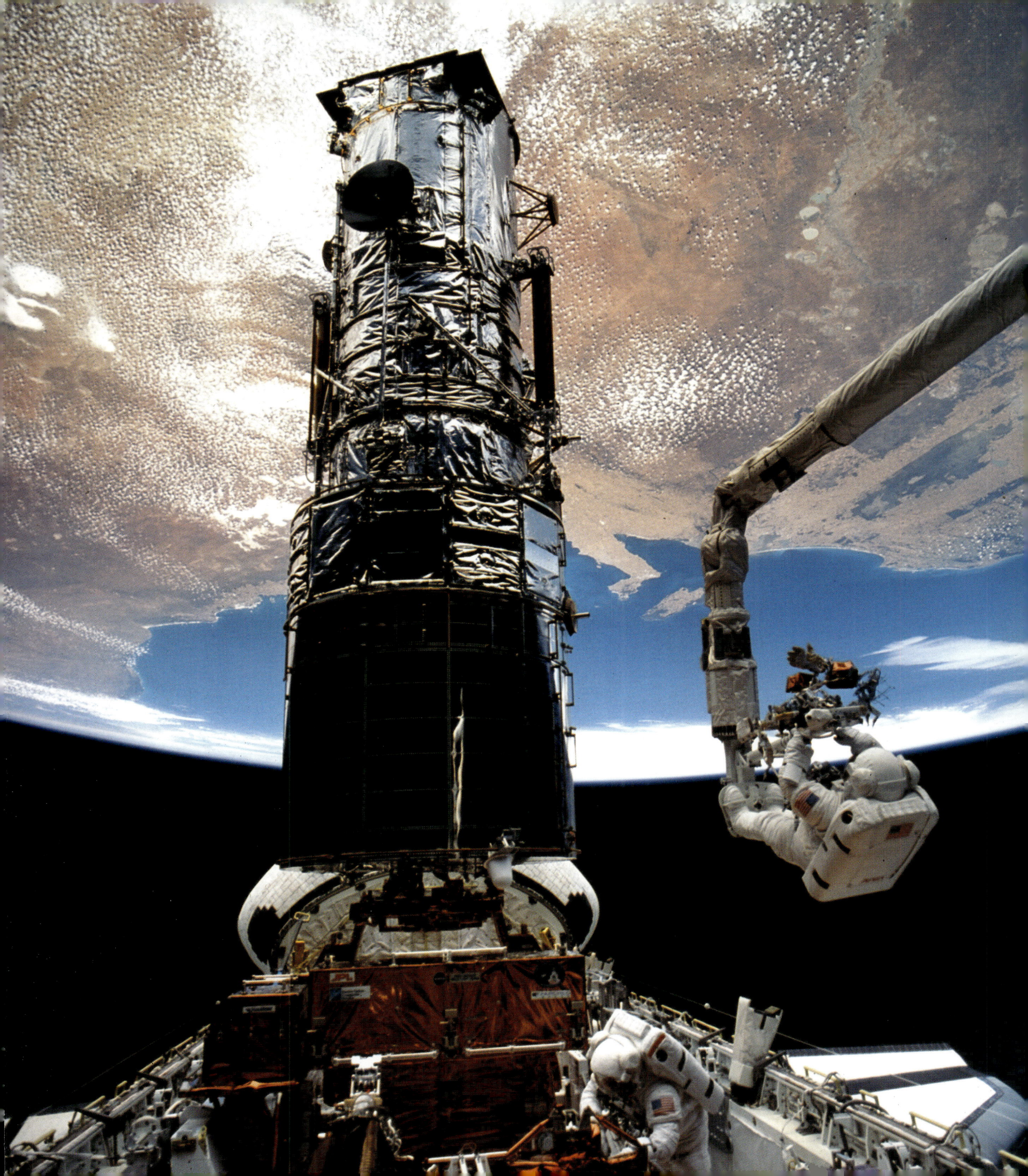

Les satellites sous toutes leurs coutures

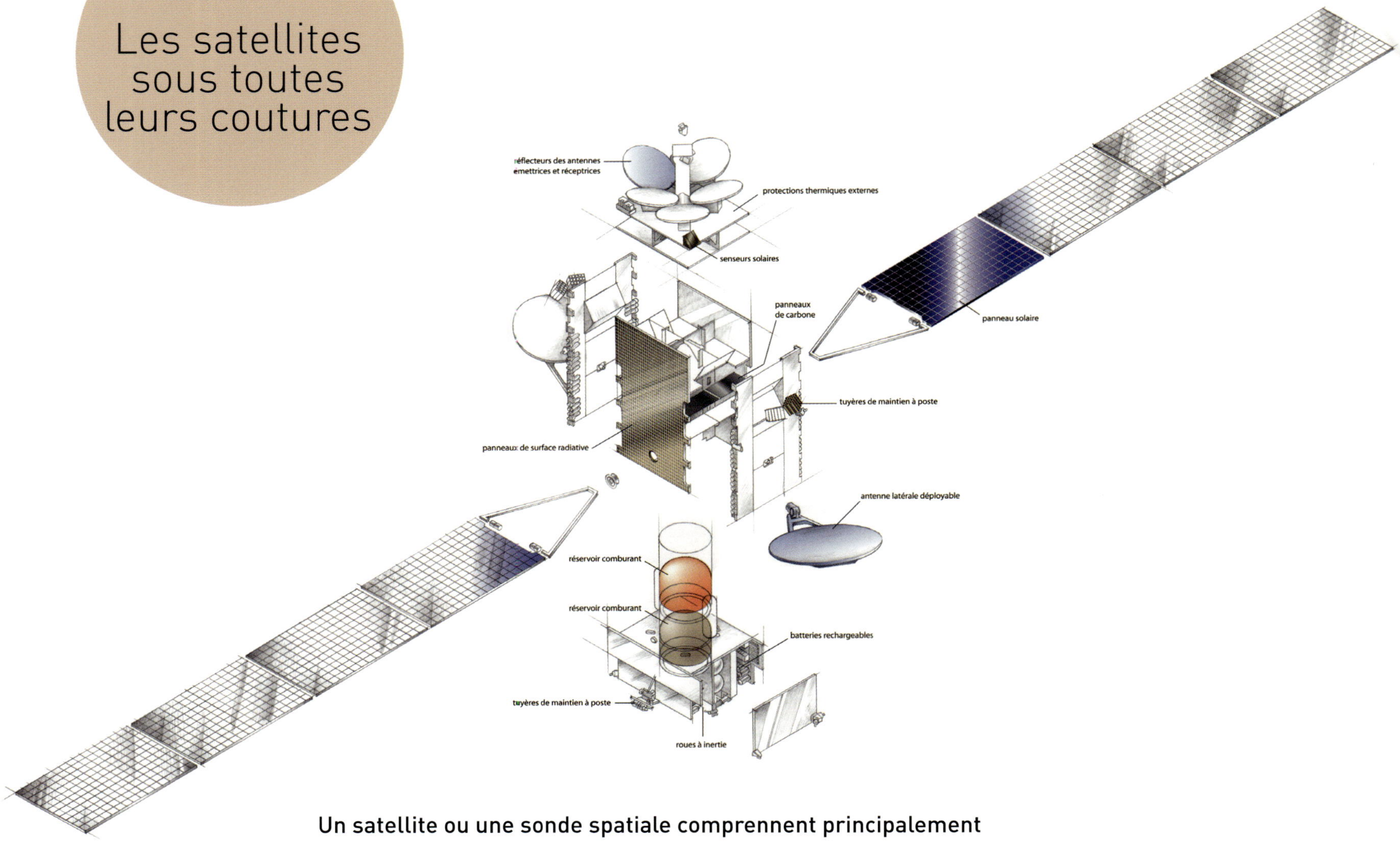

Un satellite ou une sonde spatiale comprennent principalement deux parties : d'une part, la charge utile composée de tous les instruments choisis pour mener à bien la mission fixée, d'autre part la plate-forme comportant les équipements nécessaires pour le bon fonctionnement de la charge utile (énergie, contrôle thermique, enregistreurs, moteurs et ergols, senseurs pour le positionnement, émetteurs, etc).
Dans l'espace, le satellite ou la sonde spatiale sont soumis à des températures extrêmes qui peuvent être de + de 200 °C pour les parties exposées au Soleil à – 200 °C pour les parties à l'ombre. Différentes méthodes sont utilisées pour maintenir une température interne constante pour le bon fonctionnement du satellite.
L'une d'elles est de le recouvrir d'un revêtement fortement réfléchissant constitué de feuilles de plastique très légères recouvertes d'une infime couche métallique dorée.

UNE ORBITE TOUJOURS CHOISIE

L'orbite ou la trajectoire sur lesquelles seront placés satellite ou sonde, sont choisies en fonction de leur mission. Par exemple, pour les satellites de communications et certains satellites météorologiques, c'est une orbite géostationnaire qui est choisie. Située à environ 36 000 kilomètres de la Terre, elle permet de « voir » une zone correspondant au tiers de la surface terrestre. Pour un observateur terrestre, le satellite semble fixe, mais il n'en est rien, en fait il se déplace à la même vitesse que la vitesse de rotation de la Terre. Placés sur cette orbite, trois satellites peuvent suffire pour observer notre planète (excepté les zones polaires) ou transmettre des communications sur l'ensemble de la Terre.

L'orbite polaire est choisie pour un satellite devant observer ou faire des mesures sur l'ensemble de la surface terrestre ou de l'atmosphère. On la qualifie d'héliosynchrone lorsque, à une heure déterminée, le satellite repasse au-dessus d'une zone donnée. Ainsi, il fait ses observations de cette zone toujours dans les mêmes conditions d'éclairement solaire. Cette particularité permet de comparer les informations faites à différentes dates. Cette orbite est celle choisie pour l'observation optique de notre planète.

DEFINITION

Une orbite est une courbe immatérielle constituée par l'ensemble des positions occupées dans l'espace par un astre ou un satellite artificiel.

DEFINITION

L'apogée est le point de l'orbite le plus éloigné de la Terre.

DEFINITION

Le périgée est le point de l'orbite le plus proche de la Terre.

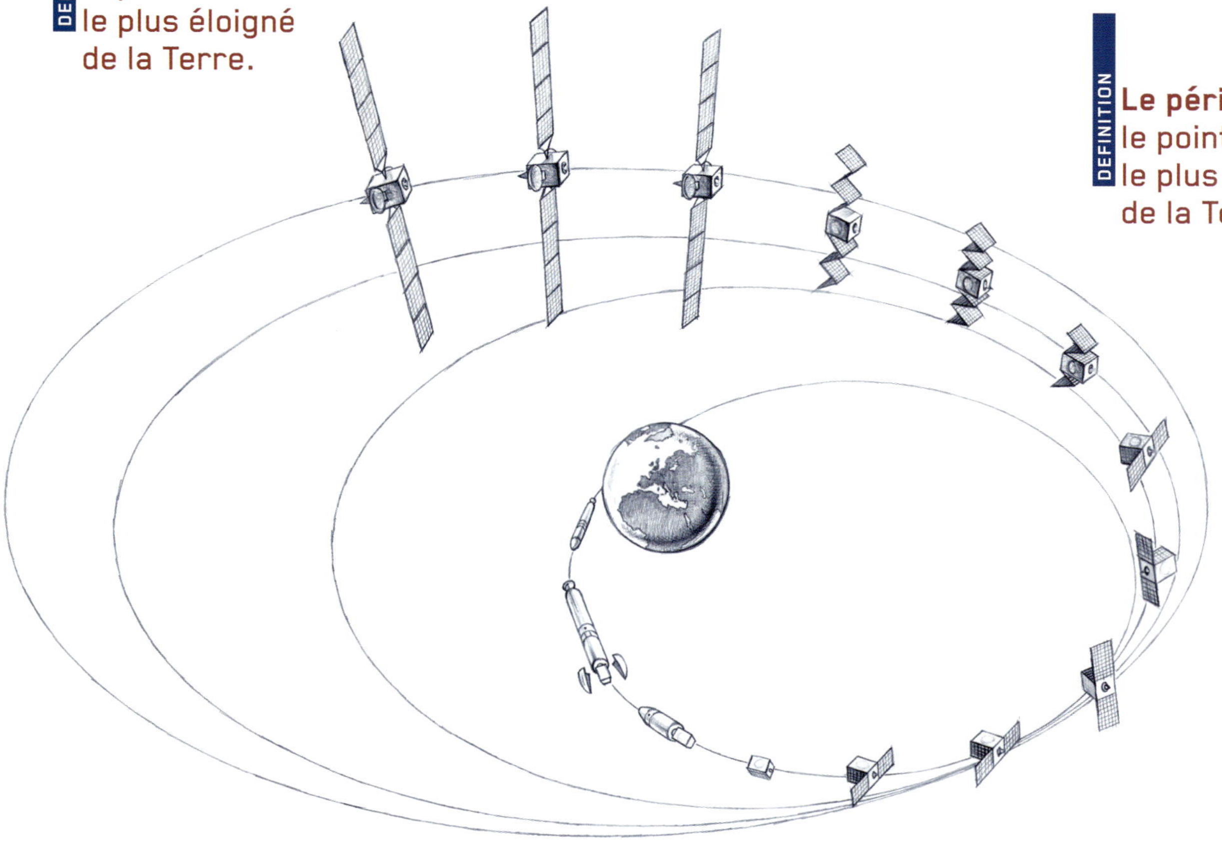

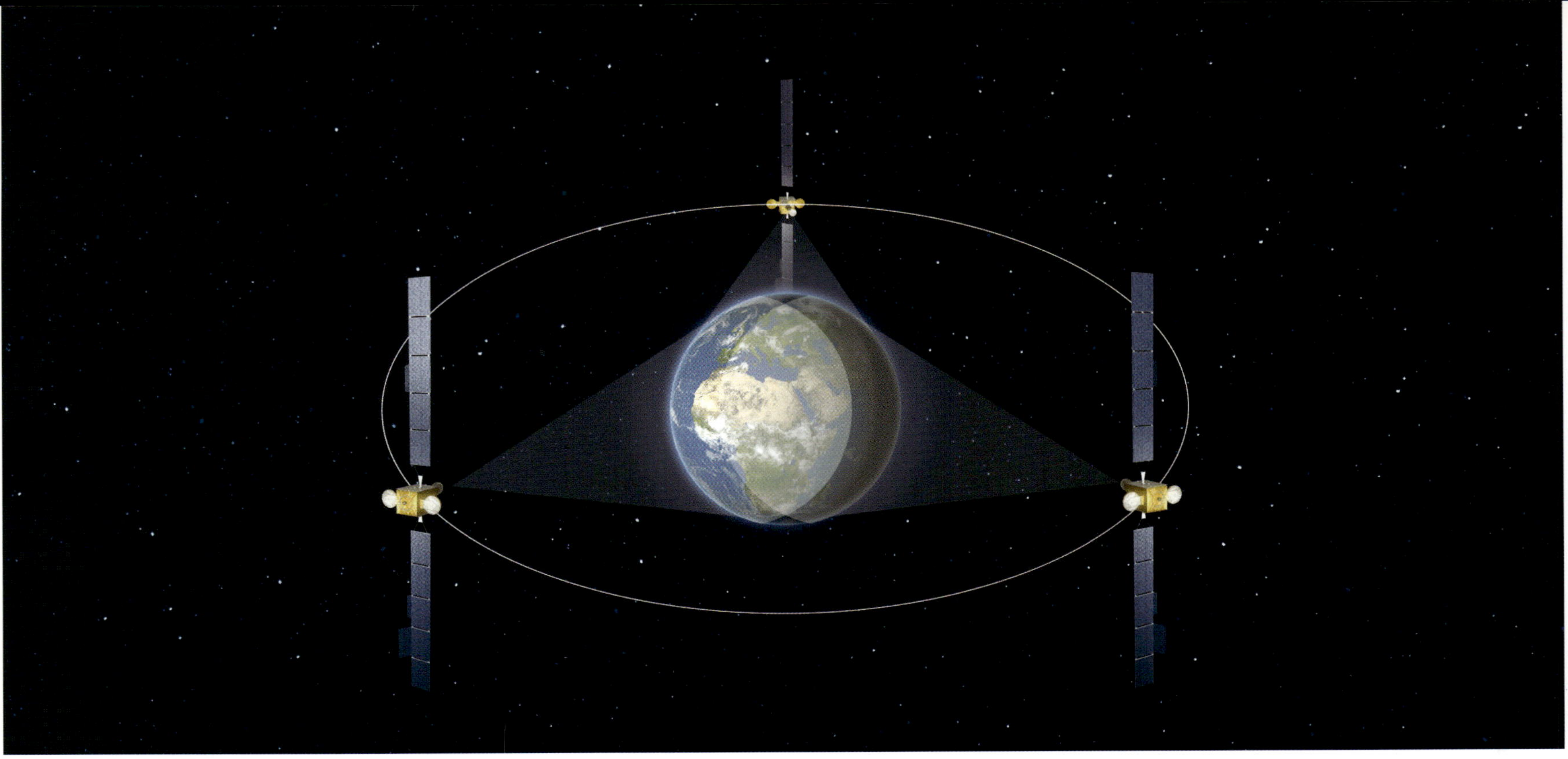

DES ENGINS TOUJOURS SOUS CONTRÔLE

Après s'être séparé de son lanceur à une altitude déterminée par sa mission, un satellite ou une sonde spatiale déploient leurs panneaux solaires qui, pendant toute la phase de lancement, étaient repliés sous la coiffe du lanceur.
Depuis le centre de contrôle qui, pour le CNES, est situé à Toulouse, les ingénieurs procèdent à plusieurs opérations. D'une part, ils télécommandent les manœuvres permettant d'ajuster très précisément l'altitude et la position de l'engin spatial, pour cela ils allument les petits moteurs dont il est pourvu. D'autre part, ils vérifient que tout fonctionne bien à son bord. Tout ceci peut durer de quelques jours à quelques semaines. Pendant toute la durée de la mission, périodiquement, l'ensemble des paramètres de l'orbite ou de la trajectoire et l'état de fonctionnement de tout se qui se trouve à bord sont contrôlés.
Des règles internationales obligent désormais toutes les agences spatiales à prévoir le devenir de chaque satellite à l'issue de sa mission pour limiter au maximum les débris autour de la Terre en particulier.

DEFINITION

Retenu par la gravité, un satellite tourne sans cesse autour de la Terre ou d'un autre astre.
On parle de sonde spatiale lorsqu'il est destiné à explorer le système solaire parcourant des centaines de millions de kilomètres.
Certaines devenues muettes, poursuivant leur trajectoire, ont quitté notre système solaire.

→ **De jeunes étoiles massives se dénudent.** Elles constituent un amas stellaire au centre de la nébuleuse NGC 3603. Le rayonnement ultraviolet et les éjections de matière provenant de ces étoiles ont repoussé le gaz environnant, nous les rendant ainsi invisible. Cet "œil", le télescope spatial Hubble (NASA-ESA), nous fait découvrir cette scène, à 20 000 années-lumière de nous.

Pour en savoir plus

www.cnes.fr

www.insu.cnrs.fr

www.cea.fr

www.esa.int

www.nasa.gov

crédits photographiques

CEA : 70 b, 102, 130. **Dapnia** : 126b.

CEA-APC : 113.

CCGM-CGMW 2007: 26-27 b.

CLS : 45h, 62 bg. **Jacques Berthillot** : 39.

CNES : 10hd, 11hg, 12b, 15m, 16g, 17g et m, 24, 30, 145g, 149bg. **A. Alleaume** : 137h. **P. Carril** : 54, 57hd. **S. Delmas** : 107h. **D. Ducros** : 14hd, 32, 40, 42, 48, 90, 104, 134. **P. Dumas** : 114h, 131g. **B. Guindre** : 141b.**E. Grimault** : 114b, 115, 141h. **L. Mossay/Photon** : 97. **Paso** : 16d. **H. Piraud** : 140. **D. Sarraute** : 52.

CNES/CLS : 23d.

CNES/CNRS/V. Ville : 57m.

CNES/Distribution SPOT Image : 20-21, 34-35, 36, 56hd, 59.

CNES/EADS : 15d.

CNES/ESA/Arianespace/CSG Service Optique : 7, 18, 19. **J. Huart** : 60. **S. Delmas** : 83.

CNES/INSU/CNRS/Observatoire de Paris : 105h, 105b, 107b.

CNES/INSU/CNRS/LESIA/Observatoire de Paris : 106b.

CNES/MIRA Production : 43.

CNES/ThalesAleniaSpace : 38. **Yoann Obrenovitch** : 41, 138. **J.-L. Bazile** : 53.

CNRS : 22.

CNRS/CETP/INSU : 73b.

CNRS-LPG-INSU C. Simon : 73h, 74h.

CORBIS : 10b, 61, 63bd, 128-129, 135.

DNSC : 27.

EADS ASTRIUM/Groupe Master Image : 33.

ESA : 12hd, 13hg, 14hd et b, 15g, 17d, 62-63, 68, 80, 92b, 95, 109, 110, 116, 122, 126 b et hd. **P. Carril** : 28. **S. Corvaia** : 30 g et m, 80h, 83, 118. **D. Ducros** : 84, 112. **D. Dumas** : 124-125. **J. Huart** : 60, 72.

ESA/AEROSPATIALE : 92h.

ESA/D-PAF (GFZ Postdam) : 23hg.

ESA/DLR/FU Berlin : 86-88.

ESA/LESIA/IAS/OMEGA : 85b.

ESA/LESIA/INSU/CNRS/Observatoire de Paris : 79.

ESA/LESIA/NASA Observation/Renée Prangée : 74b.

ESA/LESIA/VIRTIS/INAF-IASF/Observatoire de Paris : 81b.

ESA/MEDIALAB : 78, 108.

EUTELSAT (illustrations extraites du guide **Satellite de télécommunications**) : 62h, 63h (source Boeing, juin 2006), 154-155, 156.

IPGP/J. Aubert : 25, 26-27h.

KHARBINE-TAPABOR : 10h.

LEGOS : 45b.

MERCATOR OCEAN : 47g.

METEO FRANCE/CMS Lannion : 49, 50-51, 55.

MIRA Production : 47 hd et b.

NASA : 11hd, 12h, 13hd et b, 44, 100-101, 103, 144, 145d, 147, 148h, 151m.

NASA/CORBIS : 142-143.

NASA/DLR : 29.

NASA/ESA : 66g, 69, 71, 77, 89. **E. Karkoschka** : 64-65. **S. Hill** : 75. **Arizona State University** : 120. **MJ. Jee and H. Ford/Johns Hopkins University** : 132.

NASA/ESA and The Hubble Heritage (STScl/AURA) : 157.

NASA/JPL : 81b. **Space Institute** : 66d, 67d. **USGS** : 67g. **Space Science Institute** : 91h. **Caltech/N. Flagey (IAS/SSC) and A. Noriega-Crespo** : 123. **J.- B. Irvin** : 150. **Caltech** : 151h.

NASA/JPL/DLR : 152.

NASA/JPL/ESA University of Arizona : 91b, 93.

NASA/LANDSAT : 153.

NASA/WMap Science Team : 119.

NASA, H. Ford (JHU), G. Illingworth (UCSC/CO), M. Clampin (STScl), G. Hartig (STScl), The ACS Science Team and ESA : 130d. **The HDF-S Team and Nasa/R. William (STScl)** : 117.

Observatoire de la Côte d'Azur : 139.

ONERA : 136, 137b et d.

PLANTU : 149bd.

RIA NOVOSTI : 9 (**Exploration Espace**, Moscou, 1970), 11hm, 11b.

SA/CNRS/UPMC/UVSQ : 57b.

SERTIT : 32b.

ThalesAleniaSpace J.-L. Bazile : 106h. **H. Serge** : 119b.

Z MASS/J. Carpenter, T.-H. Jarret and R. Hurt : 111.

remerciements

Le CNES et l'INSU remercient

le CEA pour sa contribution

et

Frédérique Gauthier - **Eutelsat**
Vinca Rosmorduc et Marie-Noelle Loaec - **CLS**
Anne-Marie Bernard - **SPOT Image**
Oriane Arnould et Marie-Claire Fontebasso - **Photon**
Paul de Fraipont - **SERTIT**
Éliane Moreaux, Serge Delmas et Maxime Tarot - **CNES**
Gil Denis - **Astrium Services Infoterra**
Vincent Toumazou - **Mercator Océan**
Jacques Villain **de l'Académie de l'air et de l'espace**

le cherche midi

cnes CENTRE NATIONAL D'ETUDES SPATIALES

INSU

CNRS CENTRE NATIONAL DE LA RECHERCHE SCIENTIFIQUE

Imprimé en France par Mame
Dépôt légal : octobre 2008
N° d'édition : 1265 - N° d'impression : 08092239
ISBN 978-2-7491-1265-7